# 建设部住宅性能认定优秀小区实录 1

建设部住宅产业化促进中心 编

中国建筑工业出版社

**编写人员：（排名不分先后）**

陈兴汉　杨亦柠　陈卓雄　张　棠　李希明　郭廷于
史英文　刘景中　庄汉伟　赵　康　史广波　王缙和
樊　琦　蔡晓景　庄　佳　孙良浩　童悦仲　娄乃琳
刘美霞　张海燕　袁政宇

**编辑：**

娄乃琳　刘美霞　张海燕　袁政宇

# 前言 QIANYAN

近几年是中国住宅建设飞速发展的几年,全国平均每年竣工城镇住宅5亿多平方米,农村住宅约8亿平方米。出现这种情况的原因,一是收入的增加激发了居民购买住房的需求,二是政府把住宅作为国民经济增长点予以重点扶持,其中住房制度改革对住宅建设的推动作用,更是显而易见的。短短几年里,如此众多的家庭拥有了自己的新居,这在福利分房时代是难以想像的。

住宅作为家庭支出最大的一件耐用消费品,居民在购买时最关心的是什么？是这种商品的综合品质——准确地说是性能。为了在大规模建设住宅的形势下,提出有效提高和保证住宅性能的措施,1999年建设部颁布了建住房114号文件《商品住宅性能认定管理办法》,并规定从当年7月1日起在全国范围内试行。该管理办法把住宅性能分解为适用性能、安全性能、耐久性能、环境性能和经济性能五个方面,通过对各方面性能的综合评价,最终确定住宅的性能等级。为了使性能认定工作起到推动住宅建设进步的作用,在设定性能认定指标体系时,是以不同建设标准中的精品为依据的。换句话说,凡是能通过性能认定的住宅,不论其达到了哪一性能等级,都是现阶段我国同标准住宅中的精品。凡是通过性能认定的住宅统称为"A级住宅"。A级住宅分为1A、2A、3A三个等级,1A是基本适用型住宅;2A是舒适型住宅;3A是高舒适度住宅。A级住宅不仅品质可靠,而且符合节约能源、资源,保护环境的可持续发展原则。

建设部以33号公告、77号公告,向社会公布了全国第一批通过性能认定的住宅项目名单,本书收录了其中部分项目的真实资料和图片,可使读者一睹这些精品住宅的风采,借鉴和学习它们在项目规划设计、新技术采用、施工安装、物业管理等方面的经验,把今后的住宅建设搞得更好。

住宅性能认定工作开展以来,得到了各地政府建设行政主管部门、房地产开发商、住宅设计、施工单位以及广大消费者的广泛关注与支持。社会各界也对这项崭新的工作产生了浓厚兴趣,不少部门从各自的角度给予了积极协助与配合——中国工商银行已经作出决定,对通过性能认定的住宅项目优先给予贷款支持;中国人民保险公司参照国外类似做法,正在推出对于通过住宅性能认定的项目实行质量责任保险的具体办法……。这些,都将给参加住宅性能认定的房地产开发企业带来实惠,有力地推动住宅性能认定工作向前发展。

住宅性能认定工作在二战结束后起源于法国,后来逐渐在欧美各国得到发展。日本先是从20世纪70年代开始对工业化住宅实行性能认定,近年来又颁布了适用于所有新建住宅的关于实行住宅性能表示制度的《住宅品质确保促进法》,政府还专门成立了"住宅保证机构"以及"住宅瑕疵和纷争处理支援中心"。可见,即使在市场经济发育比较完善的发达国家,关于住宅性能的评审、认定、保险、维修、索赔、调解、仲裁等工作也是十分需要的。改革开放二十多年来,我国已经初步建立了社会主义市场经济体制,但是要把它真正完善起来还有许多事情要做。住宅性能认定作为一种技术服务活动,对于在中国建立起一种主要依靠市场和社会(而不是政府行政干预)来不断提高住宅品质的科学机制,是十分重要的。由于住宅性能认定在我国是一项开创性的工作,目前不可避免地还有许多不完善之处,我们十分真诚地希望读者在阅读本书之后,给我们提出批评和建议。

编 者
2002年9月于北京

# CONTENTS 目录

**6**　中国的住宅性能认定制度综述

**10**　商品住宅性能认定管理办法（试行）

**14**　北京南湖东园

**30**　南京月牙湖花园

**50**　深圳东海花园一期、二期

**70**　中山雍景园一期

**86**　上海仁恒滨江园一期

**102** 西安锦园一期

**134** 广西荣和新城三期

**150** 重庆龙湖花园一期

**166** 昆明阳光花园昊苑

**186** 西安群贤庄

**202** 深圳蛇口花园城一期

# 中国的住宅性能认定制度综述

住宅性能认定制度是提高住宅综合质量、促进住宅产业化发展的基本制度,从1999年7月开始试行。国办发[1999]72号文件《国务院办公厅转发建设部等部门关于推进住宅产业现代化提高住宅质量若干意见的通知》,明确指出要"重视住宅性能评定工作,通过定性和定量相结合的方法,制定住宅性能评定标准和认定办法,逐步建立科学、公正、公平的住宅性能评价体系。"在建设部发布的《建设事业"十五"计划纲要》中,住宅性能认定体系作为住宅产业需要继续建立的五项体系之一。《商品住宅性能认定管理办法》(试行)则对建立住宅性能认定制度的基本原则、组织管理、认定内容、认定程序、认定证书和认定标志等进行了规定。

## 一、国外相关制度简介

住宅性能认定的相关制度在国外开展较早,有的已上升为国家的基本法律。法国1948年就建立了建筑技术评价认定制度,此后该制度扩散到整个欧洲。1960年法国、比利时、西班牙、荷兰、葡萄牙等国建立了欧洲联合会建筑技术审定书制度(UEATC),现在西欧共同体各国均已加入这一组织。日本从1974年开始推行工业化住宅性能认定制度,后又在1999年6月推出《住宅品质确保促进法》,将评定的范围从工业化住宅扩展到所有住宅,并发布了日本住宅性能表示基准和评价方法,2000年4月正式实施了住宅性能表示制度。其认定的管理机构更加健全,评定的技术标准更加科学完善。

## 二、实施住宅性能认定制度的意义

开展性能认定工作首先是为了提高住宅品质和进入小康社会后人民的居住质量。改革开放以来,大规模的住宅建设所取得的成就使我国告别了住房短缺时代,特别是实行新的城镇住房制度以后,住宅逐渐成为新的消费热点,城镇居民的住房需求已经由单纯的数量需求进入到数量和质量并重阶段,并逐渐呈现质量型的需求特征,对住宅的工程质量、功能质量、环境质量提出了更高的要求。性能认定制度正是体现了这种要求。性能认定对住宅的功能品质、环境品质有了定性和定量的规定,把提高人民居住水平的总目标分解成一系列的具体指标,更好地满足人们现代居住生活行为及生理、心理的要求,更为安全、耐久,使住宅成为人们能够舒适地起居、学习、休憩的场所,让每一个家庭都能有一个高质量的生活空间。同时要求建筑的建造成本和日常使用成本更加经济合理,坚持可持续发展战略,贯彻节约用地、节约能源的方针,积极推广节能、节材、节水的新型材料和部品,鼓励对新能源的开发和利用,从根本上维护良好的生存环境,满足人们对住宅的各方面的需求,提高人们的生活质量,做到安居乐业。

其次,开展性能认定工作是为了完善住房市场供应体系,促进房地产业健康发展。随着我国逐步建立社会主义市场经济体制和城镇住房新制度,根据《国务院关于进一步深化城镇住房制度改革,加快住房建设的通知》(国发〔1998〕23号文)的精神,自1998年下半年开始停止住房实物分配,逐步实行住房分配货币化,建立和完善以经济适用住房为主的住房供应体系,对不同收入的家庭实行不同的住房供应政策,以稳步推进城镇住房的商品化和社会化。这就要求房地产开发企业开发建设多样化的、不同档次的住宅,以满足不同收入的城镇居民对住宅性能及其功能质量的不同的需求。性能认定将住宅划分为三级,可以使不同收入的消费者都可以买到有品质保证的放心房,开发企业也可以依此建设适应市场的档次不同的住宅。住宅的建设成本高、使用周期长,并且选用建筑材料和部品众多,生产建造过程也非常复杂。对于绝大多数消费者来说,只凭对住宅外观和外部环境的感受做出判断,很难看出房屋品质的优劣。开展住宅性能认定制度,可以由公正的第三方对房地产开发企业开发建设的商品住宅的性能进行评定,充分维护住宅消费者的利益。此外,对于住宅开发商来说,如果做到优质但是没有第三方来评定,光靠开发公司自己的宣传很难取得消费者的信任。性能认定就是在开发商与消费者之间建立一种对住宅进行客观、公正评定的桥梁,为建立和完善多层次城镇住房供应体系创造条件,保护消费者权益,规范房地产市场,促进房地产市场的健康发展。

第三,开展性能认定工作是为了促进住宅产业的现代化。为加速推进住宅产业化,要建立和完善促进住宅产业化发展的各项制度,形成基本完善的住宅产业政策体系。住宅性能认定制度构筑了住宅产业政策的一个部分,这也是《建设事业"十五"计划纲要》中明确提出的要"建立起住宅技术保障、住宅建筑、住宅部品、质量控制和性能认定等五大体系"工作中的一个重要体系。建立了性能认定体系,推行性能认定制度,也使我国与发达国家相比在住宅的技术政策方面,弥补了不足、缩短了差距。推广性能认定,提高住宅的品质,可以优化住宅产业的每个环节。住宅产业是一个跨越第二、三产业的产业链,它是以住宅作为最终商品,并且按照住宅的建造和使用过程,前后延伸并辐射带动相关产业而形成的产业链,涉及住宅规划、设计、施工、维护管理及住宅部品的开发、生产、供应等多方面的系统工程。提高住宅的品质就需要提高住宅的规划设计水平,积极开发、推广新材料、新技术、新工艺、新设备,逐步形成系列化开发、规模化生产、商品化供应、社会化服务的生产、供求体系,实现住宅建设的标准化、工业化和集约化。因此推行性能认定制度可以推动我国住宅建设整体水平的提高,促进住宅技术进步,加快住宅建设从粗放型向集约型转变,加快住宅产业现代化的进程。

### 三、建设部A级住宅的评定和实施状况

建设部住宅产业化促进中心成立以后,根据建设部规定的职能,积极研究、着手建立我国的商品住宅性能认定制度。1998年11月,《商品住宅性能认定暂行管理规定》及编制说明、《商品住宅性能评定方法》、《国外有关住宅性能制度简介》三个文件作为建设部1998年全国住宅建设工作会议的待议文件提交大会讨论。1999年4月29日印发了"关于印发《商品住宅性能认定管理办法》(试行)的通知"(以下简称《管理办法》)。并制定了一系列配套管理文件。如《关于实施〈商品住宅性能认定管理办法〉(试行)的几点意见》、《商品住宅性能认定实施细则》、《商品住宅性能认定委员会章程范本》、《关于开展住宅性能认定试评工作的通知》、《住宅性能认定申请表》、《住宅性能预审申报材料、图纸的统一要求》、《关于对列入住宅性能认定试评工作计划项目进行跟踪管理的通知》等。

同时,我中心组织中国建筑技术研究院、中国建筑科学研究院等六家科研单位,30多位专家,进行研究,耗时3年,编写《商品住宅性能评定方法和指标体系》并多次进行修改,做为执行住宅性能认定制度的技术依据。这是国家高技术产业发展项目课题的专题之一,已经于2001年10月通过了专

家验收，专家一致认为，该课题填补了我国空白。该体系从适用、安全、耐久、环境、经济五个方面，三个级别，384个指标（3A级）对住宅进行全面、综合评价，力求科学、严谨、可行，便于全国范围内的专家进行评审。

住宅性能认定须由具备资格的评定机构，组织专家委员会依据统一颁布的住宅性能标准，按照规定的程序进行评定和认定，授予相应级别证书和认定标志。性能认定将住宅的综合质量即工程质量、功能质量和环境质量等诸多因素归纳为五个方面来评审：适用性、安全性、耐久性、环境性和经济性，其中又细分了23项、384条（3A级）指标，能够对住宅做一个较为科学的、完整全面的同时又是公正的评价。凡是通过性能认定的住宅统称为"A级住宅"。A级住宅分为1A、2A、3A三个等级。1A是经济适用型住宅；2A是舒适型住宅；3A是高舒适度住宅。A级住宅不仅品质可靠，而且符合节约能源、资源，保护环境的可持续发展原则。得到性能认定标志的住宅则说明是在这一档次中性能品质优良的住宅。

建设部在1999年开始了住宅性能认定工作，逐步建立和完善了商品住宅性能认定管理办法和住宅性能认定的指标体系和评定方法，2000年7月以来，陕西、云南、浙江、重庆、上海、大连、深圳等省市的110个居住区或居住小区通过了住宅性能预审。通过预审，请长期从事住宅研究和设计的专家，对小区的规划、设计进行评审，建立了为消费者把关的机制，节约了资源。已经建成的24个居住小区、431栋住宅通过了住宅性能认定终审，其中18个项目已经由建设部公告第33号、77号进行了公布。还有众多小区参照《商品住宅性能评价方法和指标体系》的各项要求进行设计和施工。现选择部分经过终审的项目予以出版，供大家参考借鉴。

## 四、稳步推行住宅性能认定制度的新举措

1. 开展试点省市工作

A级住宅性能认定，有利于提升住宅的整体质量，有利于房地产开发企业树立住宅品牌意识，也有利于住房消费者维护自己的权益。为进一步促进A级住宅性能认定工作的开展，2003年选择了十个省市做为试点，通过试点省市工作的开展，做好A级住宅性能认定的示范工作。

2. 逐步引导全国建立性能认定制度

通过试点省市的住宅A级住宅性能认定工作，完善A级住宅性能认定的管理办法，适应我国加入WTO后的市场运作机制，进一步与国际接轨，逐步引导全国建立市场经济条件下的A级住宅性能认定制度。

3. 争取得到金融行业的支持

美国的"节能之星"认定制度、日本的住宅性能表示制度、法国的建筑技术意见书制度、澳大利亚的住宅节能定级计划，都能得到一定的金融支持。因此，获得金融机构的支持，对A级住宅性能认定工作的开展、促进住宅产业化的发展进程，具有积极的意义。2002年1月15日，我部同中国工商银行签订了关于性能认定的合作协议，将推进住宅建设和金融的结合，扩大住房信贷规模，降低贷款风险，提高资金运行质量，提高住宅的整体质量和水平。

4. 建立A级住宅性能认定保证制度

实行住宅质量保证保险，是完善住房交易秩序，化解交易风险、保护消费者权益的必由之路，也是市场经济国家的通行做法。国办发[1999]72号文件指出，要"明确住宅建设的质量责任及保修

制度和赔偿办法，对保修3年以上的项目要通过试点逐步向保险制度过渡"。

据了解，我国保险行业之所以迟迟没有开展国际上通行的住宅质量保证保险业务，主要是缺乏相对可靠的"甄别机制"。2001年，当我中心住宅性能认定处与中国人民保险公司接触，并全面介绍了开展住宅性能认定工作的情况后，保险公司方面认为这项工作恰好符合他们所需要的"甄别机制"的各项条件，因此双方决定齐心协力推进国办发[1999] 72号文件中关于向保险制度过渡问题的落实。2002年10月，我中心与中国人民保险公司签署了合作协议，双方拟定了结合住宅性能认定开展"住宅质量保证保险"的条款，规定凡通过A级住宅预审的房地产开发项目，可以向保险公司投保，向消费者提供长达10年的住宅质量保险，为我国住房交易领域里信用经济秩序的建立迈出了可喜的一步。这项制度的推出，受到了媒体和社会的普遍关注，许多消费者通过各种渠道前来打听有关这项制度的情况。目前，全国已有若干家开发商投保了住宅质量保证保险。

建立A级住宅性能认定保证制度，可以确保住宅性能达到预定的性能等级，而且一旦发生纠纷，保险的引入可以迅速地得到赔偿和解决，维护消费者的利益，促进社会的稳定和住宅建设的顺利进行。

住宅A级住宅性能认定工作是我中心的一项基本工作之一，得到部领导的大力支持，同时也得到了各地方建设管理部门领导理解和支持，也逐渐得到社会各界包括开发企业和消费者的认同。希望经过我们的不懈努力，真正提高我国住宅整体建设的水平，提高住宅的综合质量，满足消费者的需求。

# 商品住宅性能认定管理办法(试行)

## 关于印发《商品住宅性能认定管理办法》(试行)的通知

建住房 [1999] 114 号

为了适应我国建立社会主义市场经济体制和实行住宅商品化的需要,促进住宅技术进步,提高住宅功能质量,规范商品住宅市场,保障住宅消费者的利益,我部组织制定了《商品住宅性能认定管理办法》(试行),现印发给你们,自1999年7月1日起试行。

关于本管理办法的试行范围等具体实施办法,由我部住宅产业化办公室另行发文。请各地建设行政主管部门结合本地区的实际情况,贯彻实施。

附件:商品住宅性能认定管理办法(试行)

中华人民共和国建设部
1999年4月29日

### 第一章 总则

**第一条** 为适应社会主义市场经济体制,实行住宅商品化的需要,促进住宅技术进步,提高住宅功能质量,规范商品住宅市场,保障住宅消费者的利益,推行商品住宅性能认定制度,制定本办法。

**第二条** 本办法所称的商品住宅性能认定,系指商品住宅按照国务院建设行政主管部门发布的商品住宅性能评定方法和标准及统一规定的认定程序,经评审委员会进行技术审查和认定委员会确认,并获得认定证书和认定标志以证明该商品住宅的性能等级。

**第三条** 本办法适用于新建的商品住宅。

凡列入国家、省级住宅试点(示范)工程的新建住宅小区商品住宅应申请认定。其他商品住宅可申请认定。

**第四条** 商品住宅性能根据住宅的适用性能、安全性能、耐久性能、环境性能和经济性能划分等级,按照商品住宅性能评定方法和标准由低至高依次划分为"1A(A)"、"2A(AA)"、"3A(AAA)"三级。

**第五条** 房地产开发企业申请商品住宅性能认定,应具备下列条件:

(一)房地产开发企业经资质审查合格,有资质审批部门颁发的资质等级证书;

(二)住宅的开发建设符合国家的法律、法规和技术、经济政策以及房地产开发建设程序的规定;

(三)住宅的工程质量验收合格,并经建设行政主管部门认可的质量监督机构的核验,具备入住条件。

**第六条** 凡拟申请商品住宅性能认定的预售

商品住宅，房地产开发企业在销售期房前应在相应的商品住宅性能认定委员会备案，并落实相应的技术措施。

第七条　国务院建设行政主管部门负责指导和管理全国的商品住宅性能认定工作。县级以上地方人民政府建设行政主管部门负责指导和管理本行政区域内的商品住宅性能认定工作。

**第二章　组织管理**

第八条　商品住宅性能认定工作由各级认定委员会和评审委员会分别组织实施。

第九条　国务院建设行政主管部门指定负责住宅产业化工作的机构组建全国商品住宅性能认定委员会，该认定委员会的职责是：

（一）组织具体实施全国商品住宅性能认定工作；

（二）组织起草全国商品住宅性能认定工作的规章制度、商品住宅性能评定方法和标准；

（三）负责全国统一的商品住宅性能认定证书和认定标志的制作和管理；

（四）组织制定商品住宅性能认定委员会章程和评审委员会章程；

（五）负责组织和管理全国商品住宅性能评审委员会和国家住宅试点（示范）工程的性能认定工作；

（六）负责3A级商品住宅性能认定的复审工作；

（七）对全国商品住宅性能认定管理工作实行监督、检查。

第十条　省、自治区、直辖市人民政府建设行政主管部门指定负责住宅产业化工作的机构组建本地区商品住宅性能认定委员会，该认定委员会的职责是：

（一）负责具体实施本地区的商品住宅性能认定工作；

（二）负责组织起草本地区商品住宅性能认定工作的实施细则；

（三）负责组织和管理本地区商品住宅性能评审委员会和省级试点（示范）工程及其它商品住宅性能认定工作；

（四）对本地区的商品住宅性能认定管理工作实行监督、检查。

第十一条　各级商品住宅性能认定委员会应由有关专业具有高级职称的专家组成。认定委员采用聘任制，由负责住宅产业化工作的相应机构聘任，每届四年，可以连聘连任。

各地方的认定委员会应报全国商品住宅性能认定委员会备案。

第十二条　全国商品住宅性能评审委员会可接受各级认定委员会的委托，承担商品住宅性能的评审工作。各省、自治区、直辖市商品住宅性能评审委员会可接受本地区商品住宅性能认定委员会的委托，承担本地区商品住宅性能评审工作。

第十三条　各级商品住宅性能评审委员会应由具有一定技术条件和技术力量的科学研究院（所）、设计或大专院校等单位申请组建，并经相应的认定委员会按规定审查批准。

第十四条　各级商品住宅性能评审委员会应由有关专业具有高级职称的专家组成。评审委员采用聘任制，由负责组建的单位聘任，每届四年，可以连聘连任。

第十五条　设区的市或县人民政府建设行政主管部门商品住宅性能认定和评审工作的管理，按照省、自治区、直辖市人民政府建设行政主管部门的规定执行。

第十六条 商品住宅性能检测工作应由取得检测资质的法定检测机构承担，并经全国商品住宅性能认定委员会确认。

对于建设行政主管部门认可的质量监督机构已核验的项目，不做重复检测。

**第三章 认定的主要内容**

第十七条 商品住宅性能认定应遵循科学、公正、公平和公开的原则。

第十八条 商品住宅性能认定的内容应按照商品住宅性能评定方法和标准确定。其主要内容包括住宅的适用性能、安全性能、耐久性能、环境性能和经济性能。

第十九条 商品住宅的适用性能主要包括下列内容：

（一）平面与空间布置；

（二）设备、设施的配置与性能；

（三）住宅的可改造性；

（四）保温隔热与建筑节能；

（五）隔音与隔振；

（六）采光与照明；

（七）通风换气。

第二十条 商品住宅的安全性能主要包括下列内容：

（一）建筑结构安全；

（二）建筑防火安全；

（三）燃气、电气设施安全；

（四）日常安全与防范措施；

（五）室内空气和供水有毒有害物质的危害性。

第二十一条 商品住宅的耐久性能主要包括下列内容：

（一）结构耐久性；

（二）防水性能；

（三）设备、设施防腐性能；

（四）设备耐久性。

第二十二条 商品住宅的环境性能主要包括下列内容：

（一）用地的合理性；

（二）室外环境；

（三）水资源的合理利用；

（四）生活垃圾的收集和运送。

第二十三条 商品住宅的经济性能主要包括下列内容：

（一）住宅的性能成本比；

（二）住宅日常运行耗能指数。

第二十四条 3A级商品住宅性能认定的主要内容应包括住宅的适用性能、安全性能、耐久性能、环境性能和经济性能；2A级、1A级商品住宅性能认定的主要内容应包括住宅的适用性能、安全性能和耐久性能。

**第四章 认定程序**

第二十五条 房地产开发企业申请商品住宅性能认定之前，要按照商品住宅性能评定方法和标准规定的商品住宅性能检测项目，委托具有资格的商品住宅性能检测单位进行现场测试或检验。

第二十六条 申请商品住宅性能认定应提供下列资料：

（一）商品住宅性能认定申请表；

（二）住宅竣工图及全套技术文件；

（三）原材料、半成品和成品、设备合格证书及检验报告；

（四）试件等试验检测报告；

（五）隐蔽工程验收记录和分部分项工程质量

检查记录；

（六）竣工报告和工程验收单；

（七）商品住宅性能检测项目检测结果单；

（八）认定委员会认为需要提交的其它资料。

第二十七条　商品住宅性能认定工作应分为申请、评审、审批和公布四个阶段，并应符合下列程序：

（一）房地产开发企业应在商品住宅竣工验收后，向相应的商品住宅性能认定委员会提出书面申请。

（二）商品住宅性能认定委员会接到书面申请后，对企业的资格和认定的条件进行审核。对符合条件的交由评审委员会评审。

（三）评审委员会遵照全国统一规定的商品住宅性能评定方法和标准进行评审。在一个月内提出评审结果，并推荐该商品住宅的性能等级，报认定委员会。

（四）认定委员会对评审委员会的评审结果和商品住宅性能等级进行审批，并报相应的建设行政主管部门公布。

3A级商品住宅性能认定结果，由地方认定委员会审批后报全国认定委员会复审，并报国务院建设行政主管部门公布。

## 第五章　认定证书和认定标志

第二十八条　经各级建设行政主管部门公布商品住宅性能认定等级之后，由各级认定委员会颁发相应等级的认定证书和认定标志。

第二十九条　经认定的商品住宅应镶贴性能认定标志。

第三十条　商品住宅性能认定证书和认定标志由全国商品住宅性能认定委员会统一制作和管理。

## 第六章　认定的变更和撤销

第三十一条　申请者对认定结果有异议时，可向上一级认定委员会提出申诉，经核查认定结果确有疑义者，应由原认定委员会重新组织认定。

第三十二条　以假冒手段或其他不正当手段取得认定结果时，一经查出，撤销其认定结果并予以公布。

## 第七章　附则

第三十三条　商品住宅性能评定方法和标准另行制定。

第三十四条　本办法由国务院建设行政主管部门负责解释。

第三十五条　本办法自1999年7月1日起试行。

# NAN HU DONG YUAN
## 北京南湖东园

南湖东园（望京K4区）小区由北京城市开发集团有限责任公司长安分公司开发，北京城市开发设计研究院设计。长安分公司是北京城市开发集团有限责任公司的核心层企业，具有大型住宅区和大型公建开发建设的经验和能力，在北京第十一届亚运会亚运村住宅区的开发建设中，荣立集体一等功，并开发了中化大厦、光大大厦、西单还建楼、南闹市口大街和南湖东园小区。其中，南湖东园小区在建设部组织的城市住宅建设优秀试点小区的评比中荣获金奖，同时还获得了建设部城市住宅小区建设试点的规划设计、建筑设计、科技进步、施工质量四个金牌奖；在规划设计方面还获得了北京市优秀设计一等奖；在科技方面获得了北京市人民政府颁发的北京市科学技术进步三等奖等。北京城市开发设计研究院先后完成了北京方庄、望京、马家堡、右外西庄三条、二里庄、五里店等近600项工程，并多次获奖。

南湖东园小区13个多层楼及3个短板式高层楼获得了建设部1A级住宅性能认定。南湖东园小区位于北京东北郊的望京新城内，占地11.5ha，总建筑面积25.8万$m^2$，容积率2.2，绿地率30.4%，其中住宅22幢，计22.2万$m^2$，2644户，可居住人口8461人，配套公建8座。南湖东园小区（望京K4区）是为解决住房困难户而兴建的安居小区。该小区主要有以下特点：

1. 规划设计采用多、高层住宅结合布置，分成东、西、南三个不同的住宅区。在小区规划过程中充分考虑了交通组织及停车，无障碍设计等问题。区内设置6m宽的环路以使小区入口、住宅、服务设施、集中绿地有机地联系起来，结合环路设置港湾式停车场，结合车位种植乔木，既节约用地又提高绿化效率。

2. 小区内配套项目和市政设施齐全，并在布局上适当集中，便于规模经营、统一管理。小区的设备管理采用了最新的园区管理系统-RH分布式微机控制系统，用以解决北方住宅小区设备多，系统复杂，问题不易及时发现和及时处理而影响居民生活的问题。

3. 积极采用新技术。采用了建设部推荐的十大新技术及城市住宅小区建设试点100项"四新"推荐项目。全区共科研开发2项，"四新"技术应用68项。如ZL——复合硅酸盐聚苯颗粒浆料及外墙内保温技术，用以解决外墙内保温板裂缝问题，且满足建筑节能50％的要求，比普遍应用的GRC板减少了保温层厚度，降低了工程造价。产品及施工工艺属国内同类产品领先水平。

4. 住宅性能和质量过硬。高、多层住宅地下室防水工程被评为1997年度北京市城建技术协会优秀技术成果奖。高、多层住宅22栋地下室经过2～3年雨季未发现渗漏现象。压浆碎石桩复合地基被评为1998年度北京市城建技术协会优秀技术成果奖，使用设备及工艺简单，便于质量监督控制，工程造价比预制桩节约240万元，经沉降观测，近期沉降基本稳定，差异沉降量相对均匀。采用了750MHz邻频传输光纤主干同轴分配电缆电视系统、VVVF高性能电梯、采暖平衡阀、全自动变频调速供水设备、楼宇电控安全门、带消防功能的声控、光控延时开关、防盗保安摄像等。

5. 性能价格比好。为降低成本，采用了小流水段施工方法、基槽混凝土锚喷支护技术、粗钢筋电渣压力焊、套管冷挤压钢筋接头、钢框竹胶合模板早拆体系、热力一次、二次外网直埋、UPVC建筑雨水管、天然气外线高密度聚乙烯燃气管等，以控制造价，为消费者提供买得起的住宅。

北京城市开发集团有限责任公司长安分公司本着"粗粮细做，精心为普通百姓营造居住乐园"的精神，以达到"标准不高质量好，面积不大功能全，占地不多环境美"的目标。被列入北京市建国50周年67项重点工程之一，朱镕基总理于1999年9月28日视察该小区，给予了高度评价。

南湖东园小区(望京K-4区)

望京南湖东园(K4区)总平面图

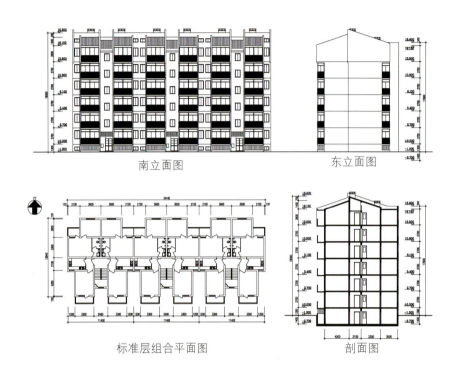

南立面图　东立面图

标准层组合平面图　剖面图

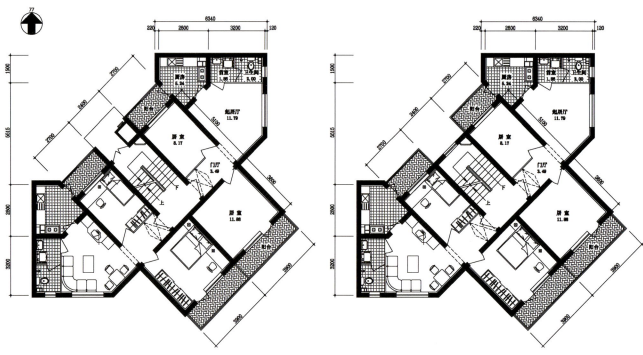

C单元首层平面图　　　　　　　　　　C单元标准层平面图

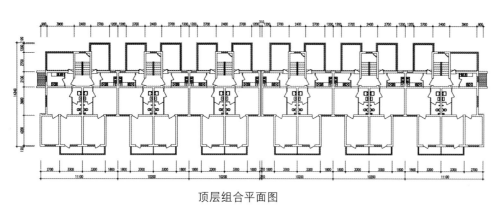

顶层组合平面图

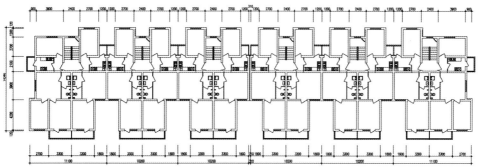

标准层组合平面图

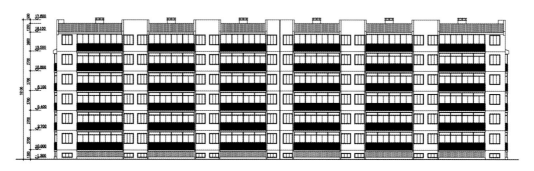

南立面图

北立面图

北京南湖东园

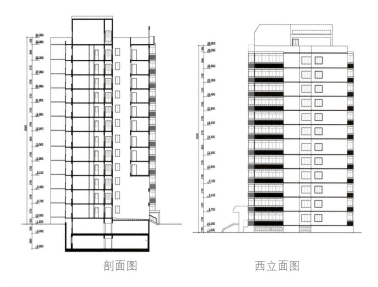

剖面图　　　　西立面图

北京南湖东园

标准层平面图

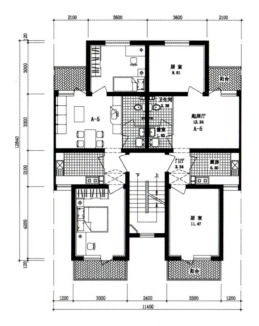
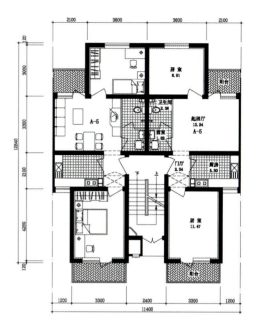

多层标准层平面图　　　　　　多层首层平面图

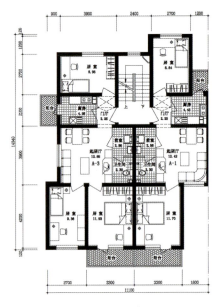
多层A-1,A-3套型平面图

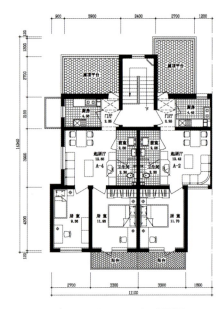
多层A-2,A-4套型平面图

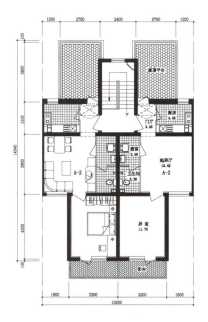

多层A-1套型平面图　　　　　　　　　多层A-2套型平面图

# 北京南湖东园二期工程1A级评审意见

南湖东园二期工程通过1A级住宅性能认定的共16栋。其中多层住宅13栋、高层短板住宅3栋。

## （一）、适用性能

该小区住宅单体的设计以中等及中等偏下收入家庭为主要对象，面积标准控制适度，套内各主要居住空间面积配置基本合理，并考虑了套内公共空间和私密空间的适当分隔；多数套型充分利用好的朝向，日照条件好，能组织好套内的自然通风；卫生间的功能配置齐全；厨房墙、地面装修到位并配置了灶台、洗池和操作台；平面设计符合结构模数体系；高层及中高层住宅设置了无障碍通行设施；各类电气插座、电视电话接口齐全，位置恰当，能方便住户使用；住宅公共部位的照明均能达标，且采用了声（光）控节电措施；供热采暖系统应用了平衡阀及直埋管等新技术，提高了供热品质，能够达到节能目的；外围护结构采取的外墙内保温措施可在北京市住宅建设中逐步推广；北窗采用双玻，提高了住宅的保温及节能性能。

## （二）、安全性能和耐久性能

该小区建筑结构安全性符合设计与施工规范要求。采用了多种设计和施工新技术，保证了质量，也保证了安全。建筑防火的安全性能符合多层和高层建筑防火设计规范，建立了小区防火报警、设备运转、保安监控系统，能较好地满足小区防火、安全的要求。小区日常安全防范措施也比较周全。但应加强对二次装修的管理，防止住户装修对结构的破坏，影响住宅的安全性。

该小区结构构件的耐久性符合设计和施工规范的规定，防水材料的构造做法和施工措施得当，保证了防水工程质量；地下室防水、屋面防水都采用了新材料、新工艺，经检查无渗漏现象。

## （三）、环境性能

在小区环境方面，该小区规划符合城市控规要求，建筑布局和道路分级合理，标识标牌统一明确，有较完善的公共服务设施，可满足居民生活需求。小区绿地经专业人员精心设计，并设置了休闲广场、小品雕塑、旱喷泉等与住宅建筑和环境绿化相协调的室外景观。绿地中设有适量硬质铺装场地、儿童活动设施和夜间照明设施，可满足居民休闲活动需要。但现有停车位数量偏少。

北京南湖东园

# 南京月牙湖花园

南京月牙湖花园小区通过了2A级住宅性能认定,该住宅小区由上市公司南京栖霞建设股份有限公司开发建设,该公司脱胎于南京栖霞建设(集团)公司,是国家一级资质房地产开发企业,已通过ISO 9001质量体系认证。现阶段具有南京东郊风景区和城区的待开发土地千余亩,该公司坚持用住宅产业化手段打造现代住宅,具有科学规范的内部管理,独特的企业文化,精干高效的人才队伍,经营理念为"住宅产业现代化+企业管理现代化+资本运作现代化"。

月牙湖花园小区位于南京市城东明代古城墙和钟山风景区的交汇处,苜蓿园居住区的中心,东临钟山风景区,西依月牙湖。依山傍水,明风清韵,风景宜人。占地10.21ha,总建筑面积12.95万m²,其中住宅建筑面积9.76万m²,公共建筑面积1.12万m²。区内设有五个组团,由31栋4~5层高档公寓和21栋别墅组成,共703户,居住人口2500余人,容积率1.066,全区汽车停车位2176个。主要特点有:

1. 住宅小区建筑场地选址和规划结合了地形、地貌和有利的周边环境,由四、五层住宅和低层别墅组成。住宅群体组合合理,合理地利用土地。区内设有中心公园、组团绿地、屋顶花园、道路绿地和宅旁绿地,形成了点、线、面相结合的绿地系统,从湖面、缓坡、堤岸着手,利用原有的自然景色围合成一个居住者共享的绿地,蓝天、白云、古城墙、绿水一起构成了人际交往的公共绿色空间。乔木、灌木、花卉的配置种类丰富、层次分明,错落有序,并设有喷泉、雕塑、小品、游泳池、装饰灯柱、红亭,彩砖铺设和花岗石汀步以及休闲活动场地,创造了一个良好的生态环境。

2. 单体住宅造型新颖、多样,满足了采光、日照、通风、通视的要求,住宅平面功能配置合理,分区明确,相互干扰少。厨房、卫生间位置适宜,各功能空间利用率高,平面系数适中,主要居住空间使用方便,有完整的实墙面,利于家具多样摆放。住宅全部南北朝向,日照采光条件良好。声、光、热等物理指标基本符合标准的要求。

3. 厨房、卫生间装修一次到位,具有通风换气设施,并安装或预留了供热、空调设备的位置和管线,管线布置简捷隐蔽,煤气、给水、供电实现了IC卡计量,管理方便。

4. 电源、电讯、电视系统到位,并设有电脑网络系统。该小区的公共设施基本齐全,并设置了健全的电视监控的保安系统、物业电脑管理系统、IC卡三表计量和光缆、同轴电缆的综合布线系统,可实施高速宽带数据传输、提供因特网住处服务,同时设有双向传输的有线电视及卫星接收闭路电视系统。

在建设中栖霞建设(集团)公司实施品牌战略,精心组织设计、施工和选材,提高科技含量,应用新成果、新技术、新产品达50多项,提高了住宅质量,降低了成本,取得了良好的社会效益、环境效益和经济效益。南京月牙湖花园不仅得到顾客的青睐和市场的认可,还得到主管部门、专家学者在内的社会各界的普遍好评,不仅通过了2A级性能认定,通过了国家重大科技产业工程——2000年小康型城乡住宅示范小区的验收,获得了六个优秀奖,还荣获了南京市的"建国50年城建十大标志性工程","百姓心目中的理想家园","1997年度南京市工程建设十佳工程"以及"南京市节能建筑小区"等称号,成为南京市住宅小区建设的标志和示范工程。

总平面图

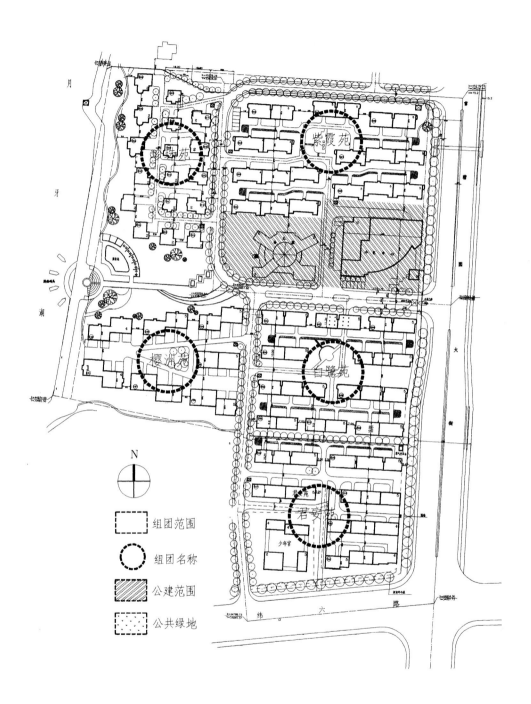

组团分析图

绿化布置图

道路布置图

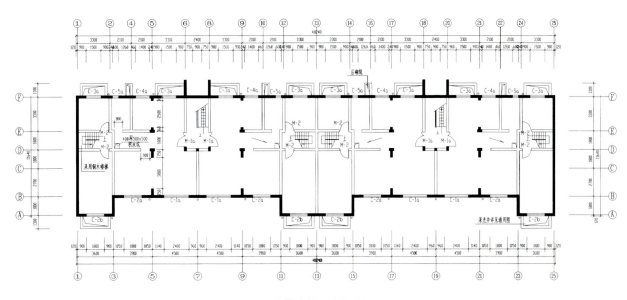

A栋半地下室平面图

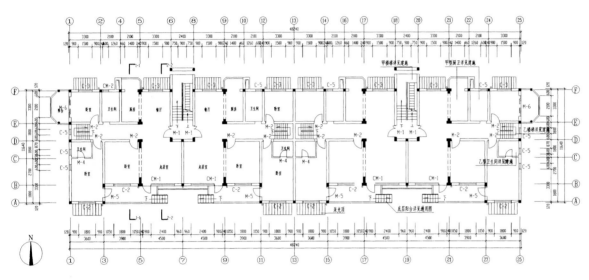

A栋底层平面图

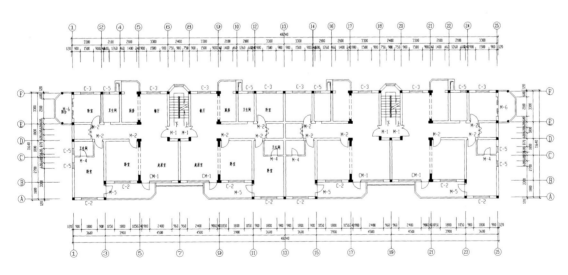

A栋标准层平面图

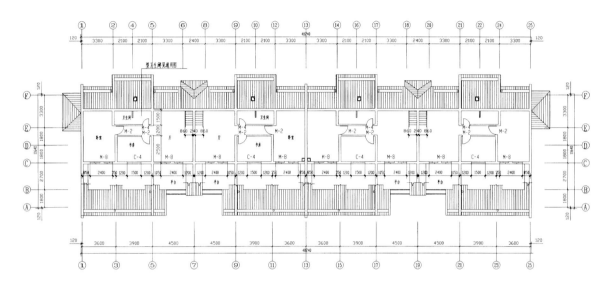

A栋顶层平面图

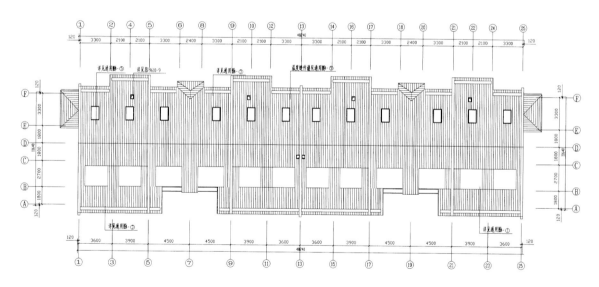

A栋屋顶平面图

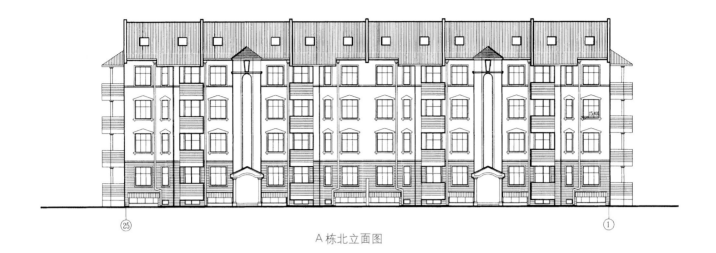

A栋北立面图

A栋南立面图

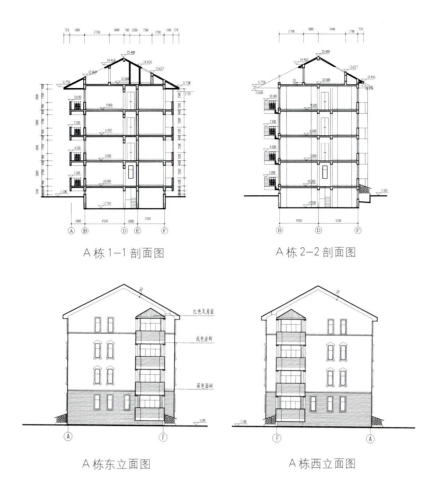

A栋 1-1 剖面图

A栋 2-2 剖面图

A栋东立面图

A栋西立面图

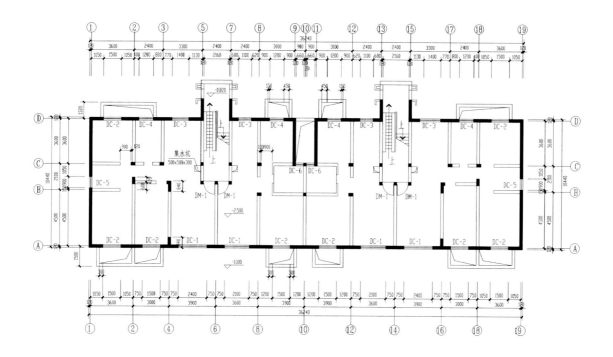

B栋半地下室平面图

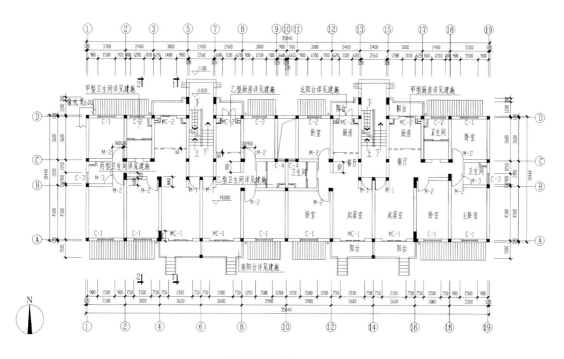

B栋底层平面图

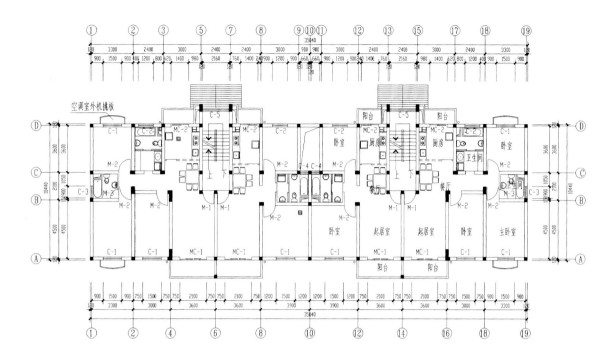

B栋标准层平面图

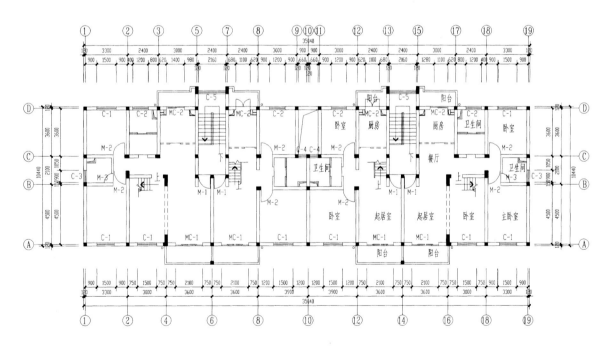

B栋五层平面图

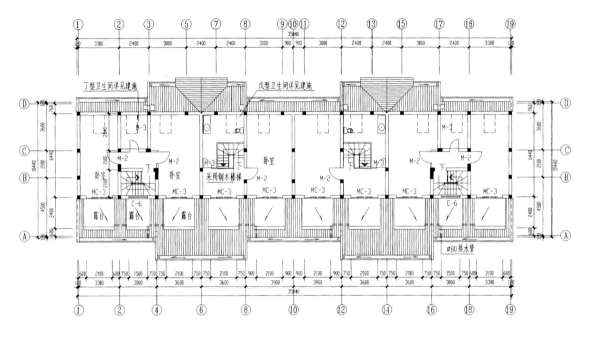

B栋顶层平面图

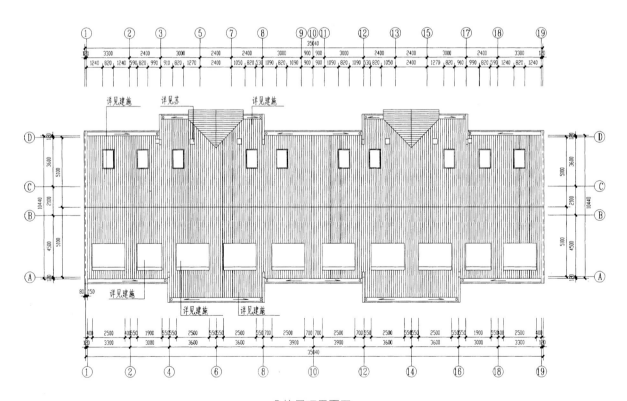

B栋屋顶平面图

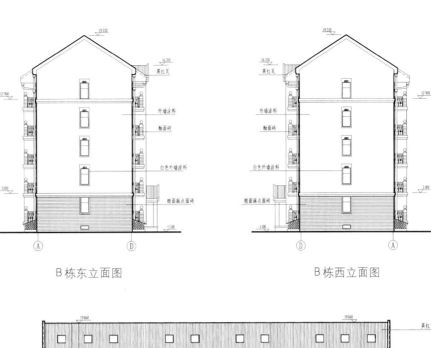

B栋东立面图　　　　B栋西立面图

B栋北立面图

B栋南立面图

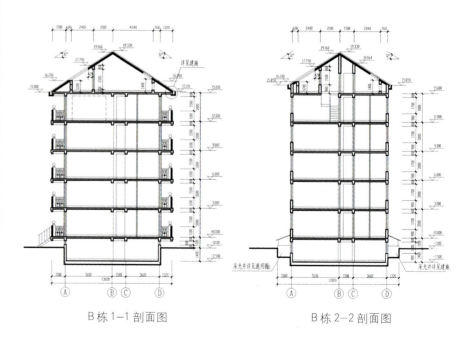

B栋1—1剖面图　　　　B栋2—2剖面图

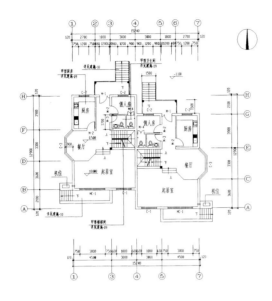

C户型底层平面图

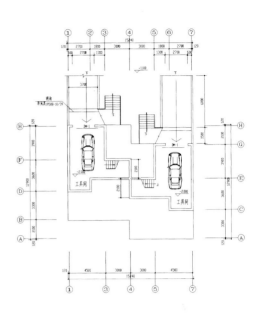

C户型半地下平面图

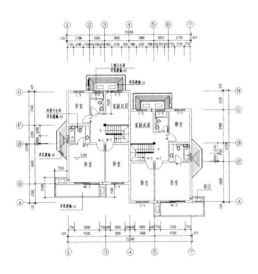

C户型二层平面图

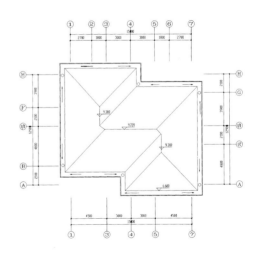

C户型屋顶平面图

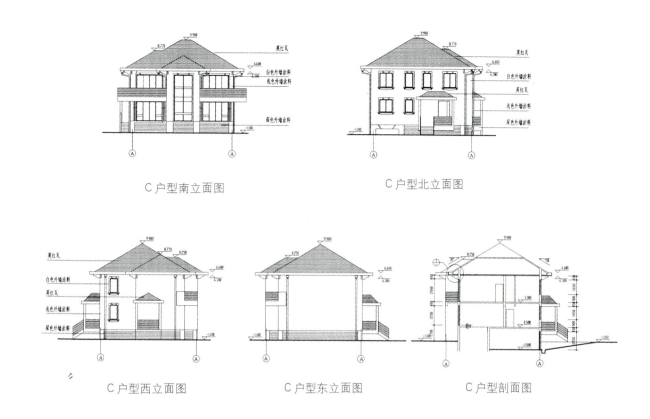

C户型南立面图　　　　　　C户型北立面图

C户型西立面图　　　　　C户型东立面图　　　　C户型剖面图

# 南京月牙湖花园 2A 级评审意见

南京市月牙湖花园小区的一组团、三组团和四组团中的25幢住宅通过2A级住宅性能认定。

### (一)、适用性能

住宅平面功能配置合理,分区明确,相互干扰少。厨房、卫生间位置适宜,各功能空间利用率高,平面系数适中,主要居住空间使用方便,有完整的实墙面,利于家具多样摆放。住宅全部南北朝向,日照采光条件良好。声、光、热等物理指标基本符合标准的要求。厨房、卫生间装修一次到位,具有通风换气设施,并安装或预留了供热、空调设备的位置和管线,管线布置简捷隐蔽,煤气、给水、供电实现了IC卡计量,管理方便。电源、电讯、电视系统到位,并设有电脑网络系统。采用了塑钢门窗和节水型坐便器,有利于节能、节水。但框架结构类型住宅结构体系特征与建筑平面结合不够,柱网布局有待改进。楼梯间开间较小,屋顶构造的热工指标需要进行验证。

### (二)、安全性能和耐久性能

小区设计、施工程序符合国家的规定,工程结构设计与施工符合国家现行规范的要求,并采用了多项新技术,提高了工程质量。在防火、燃气、电气安全以及日常安全与防范方面,采取了多项措施,保证了住户的安全。在小区的建设中,重视了材料选择和选用质量良好的设备,认真做好防水工程,采取了防止结构的开裂和保证外墙装饰质量的措施,并加强了建筑物的沉降观测,使住宅的整体耐久性有了保证。希望预埋件外露部分做防腐处理。希望进一步探索异形柱与砌体构造柱的混合结构,研究开发完整的住宅体系。

### (三)、环境性能

建筑场地选址和规划结合了地形、地貌和有利的周边环境,住宅群体组合合理,单体住宅造型新颖、多样,满足了采光、日照、通风、通视的要求,合理地利用土地。区内设有中心公园、组团绿地、屋顶花园、道路绿地和宅旁绿地,形成了点、线、面相结合的绿地系统。乔木、灌木、花卉的配置种类丰富、层次分明、错落有序,并设有喷泉、雕塑、小品、游泳池、装饰灯柱、红亭,彩砖铺设和花岗石汀步以及休闲活动场地,创造了一个良好的生态环境。小区的公共设施基本齐全,并设置了健全的电视监控的保安系统、物业电脑管理系统,IC卡三表计量和光缆、同轴电缆的综合布线系统,可施行高速宽带数据传输、提供因特网住处服务,同时设有双向传输的有线电视及卫星接收闭路电视系统。

南京月牙湖花园

# 深圳东海花园一期、二期

DONG HAI HUA YUAN

东海花园位于深圳市福田中心区西面，由深圳爱地房地产公司开发建设的。一期用地面积34885m²，由7栋19层塔楼、1座会所及地下车库组成，总建筑面积115050m²，其中半地下车库9900m²，住宅面积97000m²，会所建筑面积3750m²，容积率3.0，绿地率30%，住宅首层为公用架空层。二期用地面积80824m²，建筑面积224400m²，容积率2.78，绿化率36%，共15栋住宅，2座会所，一条商业街。

车库采用半地下的形式，在其侧壁及顶板开设大面积侧窗、天窗，采用自然采光、自然通风，从而解决消防要求。

地上主体结构采用大板剪力墙承重体系。剪力墙逐层收分，无明梁、明柱，大面积开设采光窗，布局灵活，提供了安全的承重保障，结构体系与建筑围护体系的有机结合为居住者提供了一定的重组发展空间。小区主要有以下特点：

1. 重视整体规划设计。小区规划、设计科学合理，居住环境与现代文明相协调，充分体现"以人为本"的设计思想。采用轴线控制和旋转原理，打破规整平面，使小区空间既开敞又围合，人车分流，布局紧凑，动静分明。

2. 建筑平面布局灵活。东海花园吸收了多层住宅布局灵活的特点，在户型设计上富于变化，经过巧妙的有机组合，形成极为协调统一的花园式住宅小区。解决高层住宅套型受结构限制的影响，做到了平面布局具有多层住宅的灵活性，形成一组极为灵活，富于变化而又极为协调统一的不规则居住空间。

3. 完备的配套设施及便民服务。为满足小区业主的业余文化生活需要，加强了商业公共服务设施、文化设施的配套建设，在小区的会所内设有台球室、乒乓球室、壁球室、网球场、健身房、游泳池、桑拿房等体育设施及西餐厅、洗衣房、儿童游乐场、银行、小型购物商场及其他公共服务性设施。

4. 定位标准适度超前。根据深圳特区经济发展的雄厚实力和政策优越性，进行大胆努力和尝试，在建筑体系、结构体系、建筑设备等方面，通过选用新材料、新产品、新工艺，提高了住宅小区的科技含量，有力地促进了住宅产业现代化的发展。

作为首批获得国家3A住宅称号的东海花园，项目实施中遵循了住宅性能评定标准，从规划、设计到施工、销售吸取了国外先进成功经验，本着探索可持续发展的要求，按照"文明居住环境"、"高科技含量"、"适度超前"的发展原则，营造了较好的居住环境。

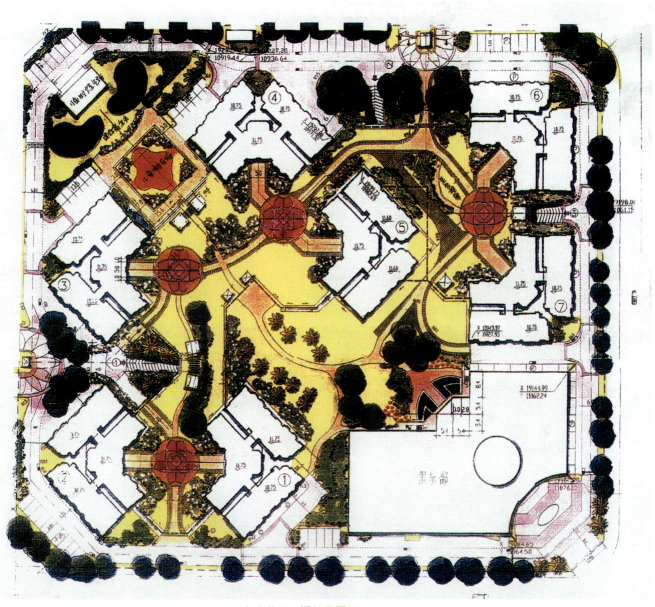

东海花园1期总平面图

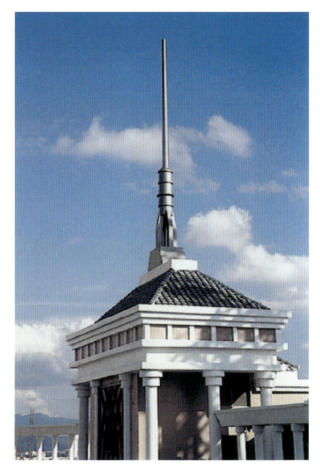

深圳东海花园一期、二期

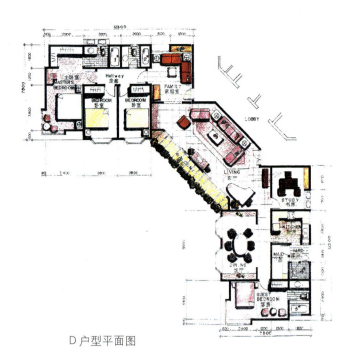

D户型平面图

A.B.C户型平面图

E户型平面图

C户型跃层平面图

F户型跃层平面图

G户型跃层平面图

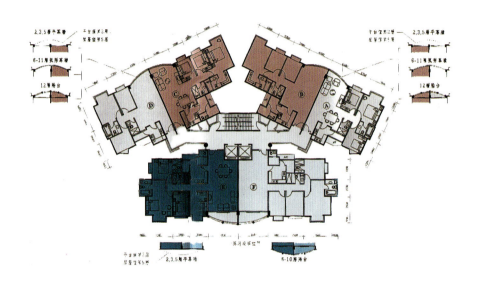

1,7,8,11,12,13座 标准层平面图

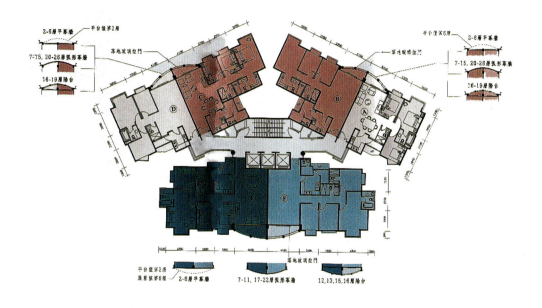

5,6,15,16座 标准层平面图

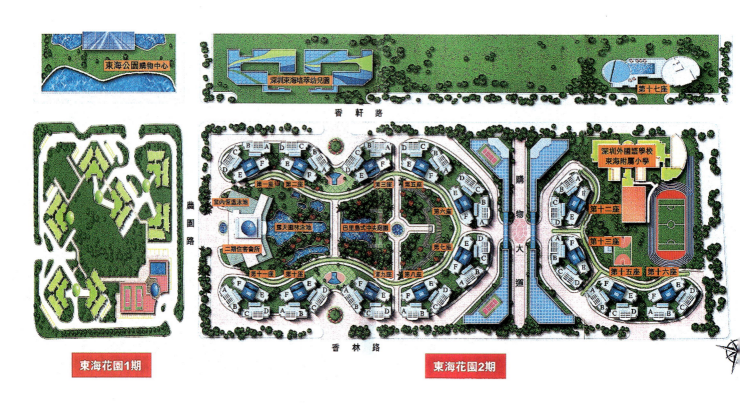

东海花园第二期总体规划图

深圳东海花园一期、二期

深圳东海花园一期、二期

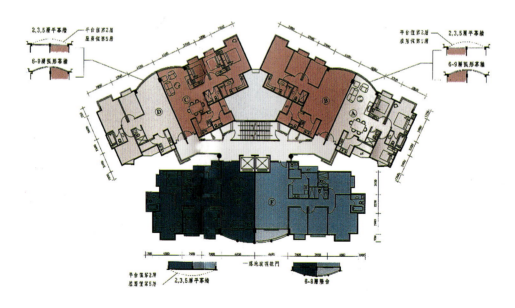

2,3,9,10座 标准层平面图

深圳东海花园一期、二期

深圳东海花园一期、二期

深圳东海花园一期、二期

# 深圳东海花园3A级住宅评定意见摘要

东海花园是全国第一个申请3A级性能评审的住宅小区,东海花园的全部住宅通过3A级评审,栋号是一期1~3、5~8栋,二期1~3、5~13、15、16栋。

## (一)、适用性能

住宅各种套型空间关系明确,住宅套型功能布局合理,面积配置基本得当,动静分区,洁污分离,方便住户使用。厨房平面位置及功能布局基本合理,厨卫设备配置成套,通风换气设备品质优良。预留有冰箱、洗衣机和其他厨房电器设备的位置。卫生间均配置两个或两个以上,注重了适当的功能分割,安装良好。各种管道和表具安装合理,走向明确,利用住宅连接体部位的凹口,集中设置空调室外机,管道、排风口及附墙主管,安全隐蔽,不影响建筑整体外形。

住宅主入口设有宽敞明亮的大堂,设置警卫值班房。并配置供轮椅的坡道,住宅套内做到没有高差,各种门洞尺寸符合要求,有利于老年人、残疾人的使用。各种交通廊、楼梯、电梯尺寸符合基本要求。电梯还可以直接通到地下车库层,方便了住户的使用。电气、电讯系统及配置基本齐全,设备先进,采用了光缆布线系统,有利于提高电讯的质量。采用了分户独立的空调和供热水系统,设备先进,供热水和空调运行状况良好。冷热水做到了有组织的处理。工程采用了变型柱的框架体系和轻质隔墙系统,为室内灵活布局创造了有利的条件。从已实施的住户装修看,类型丰富、布局合理,体现了个性和适用性。各种平面尺寸及设备安装中符合楼数的要求,配合良好,各种部件有较好的可更换性,容易拆装。

## (二)、安全性能和耐久性能

重视地基与基础工程质量,采用了适合本项目实际情况的大直径沉管灌注桩基础形式,科技含量较高,资料比较齐全,并进行了沉降观测,差异沉降量稳定,保证了房屋的安全。主体结构采用钢筋混凝土框架,加气混凝土自重轻,保温、隔热、隔声性能好,框架剪力墙结构增加了可改造性,有利于可持续发展。混凝土工程的质量满足设计要求,施工垂直度检测好。室内装修质量较好,外墙面粘贴牢固。

材料的选用注意了耐久性的要求,结构体系也有利于房屋的耐久使用,设备的采用重视了质量和配套,整个住宅的耐久性较好。消防检测中对小区围墙、每个出入口、地下车库、每个栋号都有保安监控设施,各楼层设有灭火报警器和煤气监控,保证消防安全。采用碳氧化合物涂层的优质铝合金窗和材质较好的木门,具有坚固、严密、耐用等优点。

厨房、卫生间设备配套,质量较好,竖管隐蔽,横管外露较短,不仅使室内整洁明亮,而且有利于

保护，方便使用。

### （三）、环境性能

较好地组织了住宅群体空间，并具有层次感，使较多的住户能有较好的景观视野，动静态交通组织合理，保证了小区内部的宁静，也营造出比较舒适的居住环境。由中高层及高层住宅错落布置，围合而成的院落空间，为住户提供了舒适的居住环境。住宅设有半地下室车库，采光通风良好，住户就近地下停车，从车库内直接进入楼内，使用方便。地下空间设置设备用房，地下停车位数量大于总停车位的50%，地下空间利用合理。游泳池设有必要的循环处理和消毒设施，游泳池和景观用水水质检测报告表明，均符合国家有关规范要求。小区排水系统雨污分流，符合国家规范要求。绿化由专业公司人员规划设计，绿地率满足评审标准要求；绿地起伏，配有适量空间绿化，丰富了空间变化，绿地中设有步行小路、休闲亭阁和座椅等必要休闲设施；小区还设有露天和室内儿童活动场所、游泳池、健身房和娱乐设施，为居民设置了较好的休闲环境。建筑造型、色彩和谐、幽雅，群体效果好，建筑细部处理较为细腻；夜间灯光造型和照明得当，与绿化植物组合形成优美景观。采用了电视保安监控系统，红外线周界报警系统，消防、燃气泄漏自动报警系统，物业计算机管理系统等，适应住宅现代化管理的需要。

### （四）、经济性能

针对项目总投资，扣除其中征地及拆迁补偿费用、市政道路（东海北路）等前期费用，以及小区内配套工程中部分特殊原因导致的费用增加；扣除小区中通过销售或租赁进行经营的车库的建设费用后，得到小区内单位住宅建筑面积评定所需成本大小。由于东海花园小区为高档次、高标准住宅的代表，该类住宅的成本数据尚未形成统计规律，专家组通过调查了解，分析了当前深圳市其他几个类似商品住宅小区的成本情况，作为成本区间确定的参考数据；通过对小区预、决算资料与深圳市工程单位估价表的比较分析，针对该小区四大类成本费用中的各项具体内容，逐项分析了各项费用大小的可能取值范围，从而综合考虑确定了该区间的范围。确定了待评住宅建设费用和成本区间后，依据已经确定的其他各性能评价得分，通过性能成本比指标的计算，得到东海花园小区一期经济性能评定中指标5.1性能成本比的评价结论。

深圳东海花园在保证项目施工质量的情况下，对土建工程费、安装工程费等成本费用，控制较好，费用适中，预算与决算相差较小；建设单位通过比较分析采用了适合项目实际情况的大直径沉管灌注桩基础形式，科技含量较高，节约成本明显。小区虽采用了大量的进口或国产的高档建筑装饰材料或设备，但在采购使用过程中能够严格管理。小区性能成本比指标总体良好，各项性能成本指标得分均衡，未出现明显侧重于某一项指标的情况，这表明深圳东海花园小区建设单位在投资建设过程中，能够综合考虑住宅的各项性能要求，从整体上提高住宅性能。

关于日常运行耗能，小区住宅保温隔热性能好，能相应节约日常使用中的制冷耗能；室内外通风效果良好，易于节能；空调布置位置良好，易于发挥空调效率，引导装修采用了节能型空调，起到积极引导作用。住宅室内外采光设计质量高，采用了各种类型的节能灯；采用了干式变压器，日常运行费用较小。小区防水性能、防腐性能好，日常所需维修费用小。

# YONG JING YUAN

## 中山雍景园一期

中山雍景园一期由中山雅居乐集团公司开发建设，中山雅居乐集团是集房地产开发、高尔夫球会、饮食娱乐、物业管理、家私为一体的多元化集团，目前投资开发的房地产项目包括雅居乐花园、凯茵豪园、雍景园、雍逸廷以及广州南湖雅居乐山庄、番禺南村雅居乐花园等，开发的各个楼盘以优越的地理位置、完善的配套设施、优质的物业管理在港澳地区以及珠江三角洲享有盛名。

雍景园小区位于广东省中山市东区，东邻24m宽的银通路与中山市体育中心相望，北临35m宽的清水河，小区占地16.5ha，总规划建筑面积110352万$m^2$，住宅建筑面积7.7万$m^2$，公建3.3万$m^2$，容积率1.75，绿化率为38.5%，共24幢楼宇647套住宅。小区具有以下几个特点：

1. 具有岭南建筑风格特色。小区总体规划源自加拿大Srtarchitacta,LTD名师手笔，与地域的建筑风格结合，坚持以人为本。

2. 以科技为先导，全面提高住宅性能。在雍景园小区的建设中，广泛采用四新成果共45项，并进行了结构体系、墙体材料和建筑节能的探索和开发，如采用高强的轻质砌块，达到节约材料，提高住宅性能的目标。

3. 质量为本。小区达到了"100%合格率，60%以上优良率"的施工建设目标，并强化了质量管理体系，取得了明显的成效。

4. 营造宜人的居住环境。小区绿地空间宽阔，人均占有绿地10.7$m^2$，采用集中与分散、点、线、面相结合的设计方式，形成了完整的高、中、低立体绿化，再辅以120多种乔灌木，配以40多种花卉，创造出"四季常绿、三季开花、雨不见泥、风不起尘"的清洁卫生的居住环境。

模型鸟瞰

总平面图

A1型复式单位高层平面图

立面图

A1型复式单位低层平面图

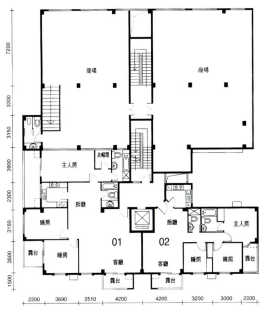

A1型一座二楼平面图

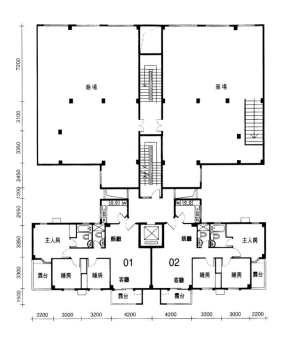

A1型二、三座二楼平面图

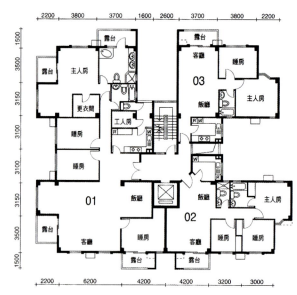

A1型一座标准层平面图

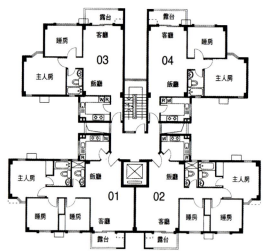

A1型二及三座标准层平面图

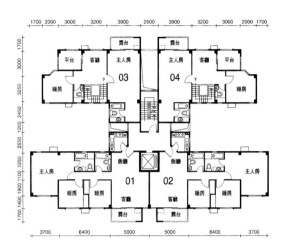

A2型复式单位高层平面图

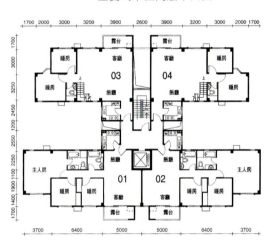

A2型复式单位低层平面图

立面图

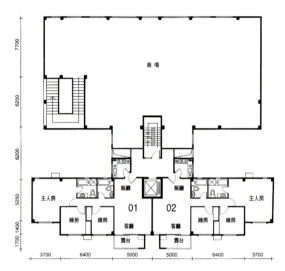

A2型一、二、十及十一座二楼平面图

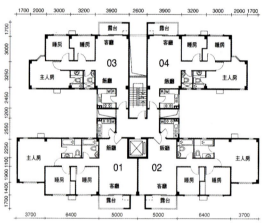

A2型一、二、十及十一座标准层平面图

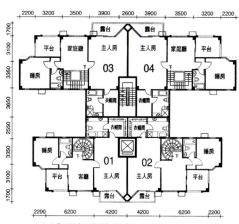

A3型复式单位高层平面图

立面图

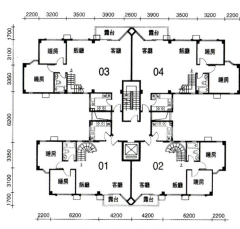

A3型复式单位低层平面图

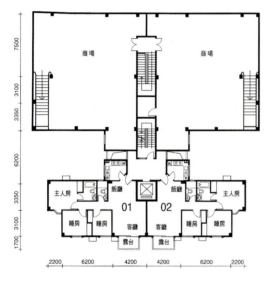

A3型二楼平面图

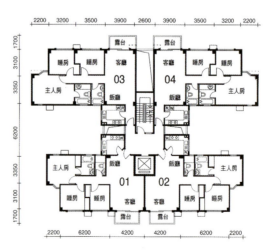

A3型标准层平面图

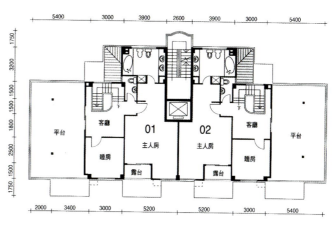

B型复式单位高层(八楼)平面图

立面图

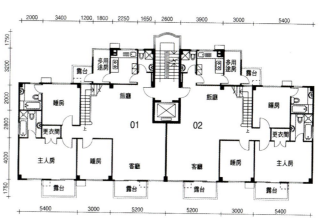

B型复式单位低层(七楼)平面图

B型单位一楼平面图

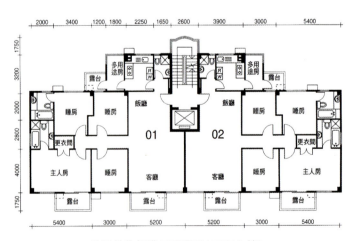

B型单位标准层平面图（二至六楼）

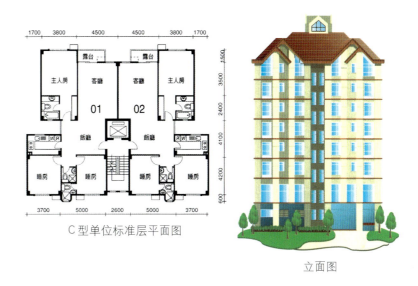

C型单位标准层平面图

立面图

立面图

J型单位标准层平面图

中山雍景园一期

# 中山雍景园一期3A、2A、1A级住宅评定意见摘要

中山雍景园一期通过3A级认定的有9栋，栋号为B1、B2、B3、B5、B6、B7、B8、B9、B10。通过2A级认定的有十栋，栋号为A2-1、A2-2、A2-10、A2-11、A3-3、A3-5、A3-6、A3-7、C1、C2。通过1A级认定的有三栋，栋号为A1-1、A1-2、A1-3。

## （一）、适用性能

小区以中高层住宅为主，既方便住户使用，又适当提高容积率，有利于节地、停车和庭院绿化。住宅套型多样，满足住户不同的需求。小区住宅利用地下室设置车库，提供小汽车、摩托车和自行车的车位，方便住户就近停车。住宅首层设有架空活动通廊，既减少地下车库汽车噪声对楼内住宅的干扰，又提供居民邻里交往、休闲及老人、儿童活动空间。住宅套内功能齐全，面积配置基本得当，布局比较合理，动静分区，清污分离。主要卧室起居室具有较好朝向，通风效果和视野景观较好。

## （二）、安全性能及耐久性能

雍景园一期住宅全部采用预应力管桩基础和框架结构，结构合理，质量良好。建筑物沉降观测资料表明，总沉降量和不均匀沉降不大，满足了住宅安全性能和耐久性能指标的要求，通过了地方消防主管部门的验收。外墙全部贴瓷片装饰，瓷片产品质量良好，粘贴牢固，基本无空鼓现象。住宅室内装修用材考究，施工质量良好，未发现对人体有害物质，设备安装正确、牢固。住宅单元门、户门，均装有防盗门和可视对讲系统，小区物业管理规范，保证了住户的人身及财产安全。

## （三）、环境性能

雍景园小区选址得当，外部环境优良。小区景观与城市街景协调并有效地利用了周边公建和市政设施。规划总体布局结构清晰，用地紧凑，功能分区合理，合理地利用了地形，较充分地利用地上、地下空间，节约了用地。小区全部为高层建筑，建筑群体造型效果良好。住宅朝向、间距适当，满足日照、采光、通风和防火的要求，组团空间层次丰富，尺度适宜，环境优美，突出了均好性，建筑造型及色彩新颖、协调，体现了地方特色。道路系统构架清楚、便捷，分级明确，通达性好，人行与车行组织有序，地下室、车库停放机动车和自行车，方便住户使用。市政供水管有东西两个接管口接入小区环状干管系统，低层住宅由市政直接供水，高层由变频调速加压系统供水。水质水压均满足国家有关标准和规范要求。景观用水设有循环处理系统，水质好，人工游泳池按规范要求设有水循环处理和消毒设施。小区绿地率超过30%，绿地配置合理，植物群落配置错落多变，木本植物种类超过评定标准要求。建筑细部处理得当，外墙管道、空调机安装相对隐蔽、统一。小区标示牌醒目美观，灯光造型丰富多彩，形成了温馨、典雅的室外环境景

观。

小区内部和周围无明显空气污染源，大气质量好。噪声检测结果表明满足2A级住宅标准要求。小区垃圾分类，袋装收集，密闭运输。果皮箱和公厕设置符合有关标准规定要求。公共服务设施基本齐全，能满足小区居民生活、休闲娱乐的需要，各项公共服务设施维护与运转良好。

### （四）、经济性能

雍景园小区在建设中注意控制住宅建设的投资，降低成本和减少日常运行的管理费用，小区9栋B型住宅单位面积的建筑安装造价和日常运行能耗基本上符合3A级经济性能的要求。并在以下方面积累了好的经验、(1)小区建设中使用的设备及材料，由建设单位批量采购。(2)一次装修到位，降低了成本还缩短了工期，保证了质量。(3)整体厨房设施统一由专业厂家定型生产。(4)绿化苗木由物业公司自行采购、自行施工和自行维护。(5)景观的循环用水采取了处理设施,节约了用水和运行成本。

# YEN HENG BIN JIANG YUAN
## 上海仁恒滨江园一期

　　仁恒滨江园由上海仁恒房地产有限公司开发建设，新加坡杰盟建筑师事务所和上海华东房产设计院设计。上海仁恒房地产有限公司于1993年初成立，以房地产为核心业务，是新加坡仁恒跨国集团投资的外商独资企业，相继开发建设了"仁恒广场"、"仁恒公寓"、"仁恒滨江园"等中、高档外销商品房46.5万m²，合同确定的后续项目总投资50亿元人民币，规划建筑面积达100多万m²。以良好的业绩、企业活力和高成长潜质，得到了社会和市场的认可。"仁信治业、持之以恒"为经营理念的独特企业文化，凝聚了一批懂技术、精管理、善经营、勇开拓的人才。新加坡杰盟建筑师事务所成立于1985年，获得了新加坡SGS和BCA颁发的ISO 9001证书，以提供高品质设计和完善服务为己任，上海华东房产设计院具有乙级资质，已完成华东花苑、仁恒广场、华东公寓、长华大楼等许多公共建筑和民用建筑的设计，并多次获奖。

　　仁恒滨江园位于浦东小陆家嘴，西临黄浦江，与外滩隔江相望，小区位置得天独厚，环境景观一流。2001年，仁恒滨江园一期成为上海首家通过建设部3A级住宅性能认定的高品质小区。仁恒滨江园总用地面积13.88ha，总建筑面积35万m²，一期占地4.31万m²，建筑面积7万m²。仁恒滨江园的建设贯彻了上海仁恒房地产有限公司"仁信治业、持之以恒"的经营理念，以六大特色享誉上海楼市：

　　1. 规划布局突破传统，呈组团式弧形围合，强调了居住的亲和性。以小高层为主的围合布置形式，选择最佳朝向和合理间距，使住宅内部拥有较好的物理环境。

　　2. 环境设计外达内秀，塑造出理想的人性化空间，同时，小区内的大型集中绿化给居家一个良好的生态环境。4万多平方米的绿化面积，环抱亭阁、喷泉、小品、广场，根据空间变化形成多层次景观，相互搭配种植乔木、灌木等，形成合理的竖向层次。

　　3. 建筑造型、色彩与周边环境相融合，组合丰富的群体、设计合理的单体及坡屋顶立面，形成了一幅优美的沿江景观。

　　4. 采用一梯两户的组合形式，平面功能合理，空间利用充分，有自然通风和采光。主卧室均朝南布置，部分房间设有转角落地窗。厨房布置紧凑合理，设有设备阳台和服务阳台，电脑书房、贮藏间的设置适应了生活发展的需要。

　　5. 智能化系统先进、高效，具有全智能防卫系统、全自动化车库管理系统和中央室控制的全天候可视楼宇系统。

　　6. 建造的住宅在交房前完成高品质的全装修，装修水平和设备配备（包括小中央空调和高级热水炉等）充分体现了全装修住宅的一流品质，也为业主解除了自己装修的众多烦恼和后顾之忧。

　　从规划到设计，从设计到施工，无论哪一个环节，都体现了超前性和创新意识。仁恒滨江园还拥有总建筑面积达6000m²的高档会所，业主可以足不出园，就能尽享中西餐饮、运动、休闲等各种服务。

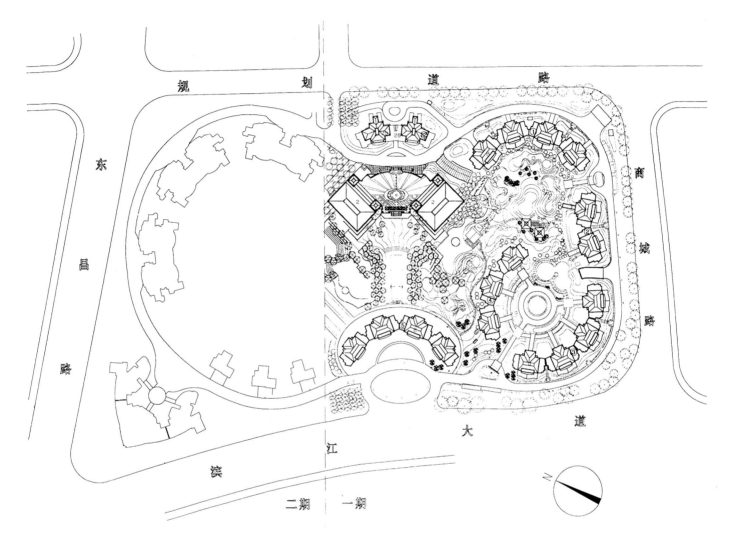

仁恒滨江园一期总平面图

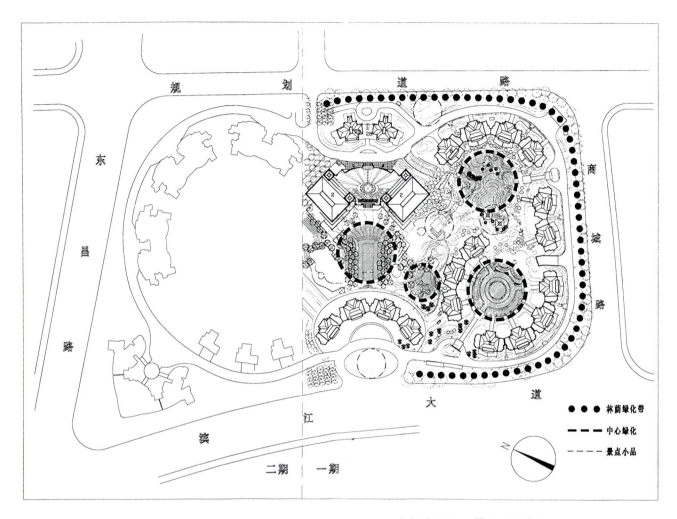

仁恒滨江园(一期)绿化分析图

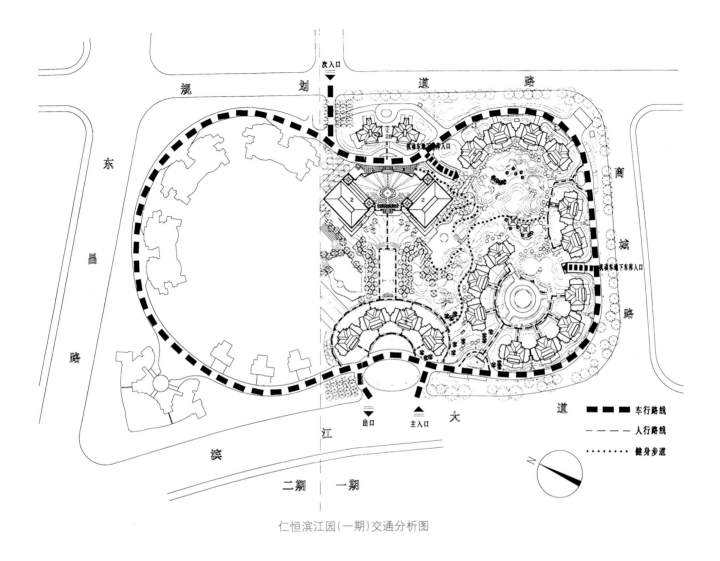

仁恒滨江园(一期)交通分析图

一、二期模型图

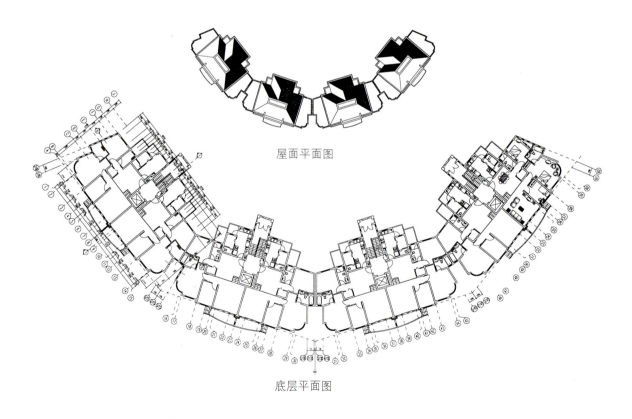

屋面平面图

底层平面图

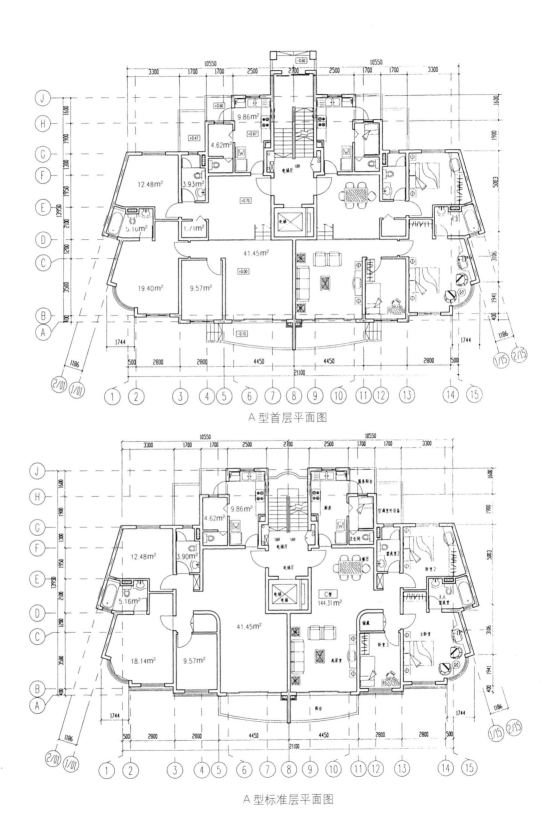

A型首层平面图

A型标准层平面图

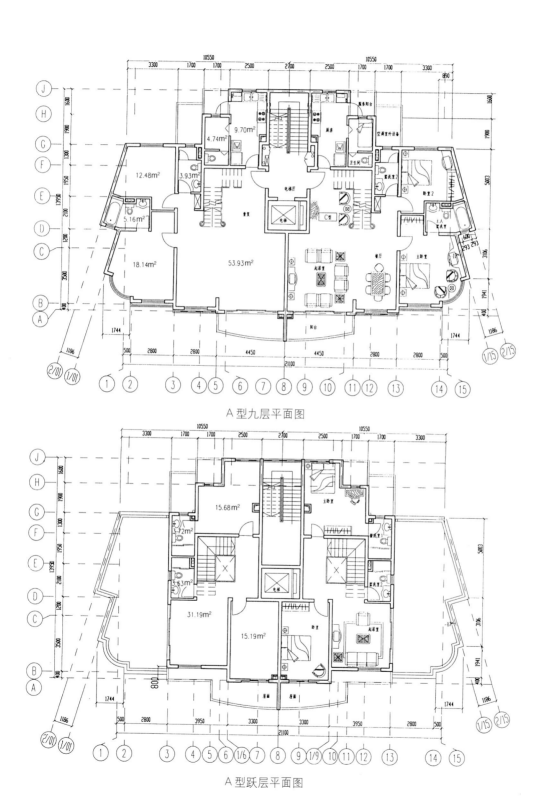

A型九层平面图

A型跃层平面图

北立面展开图

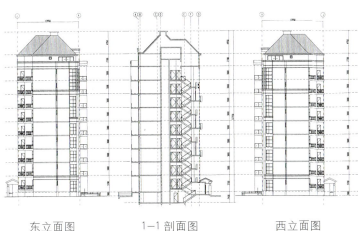

东立面图　　1—1剖面图　　西立面图

单元北立面图　　单元南立面图

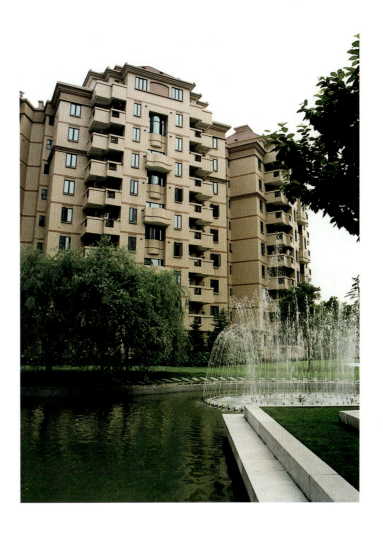

南立面展开图

B型底层平面图

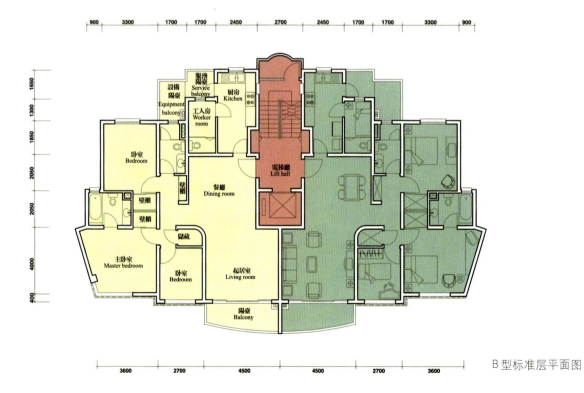

B型标准层平面图

C型底层平面图

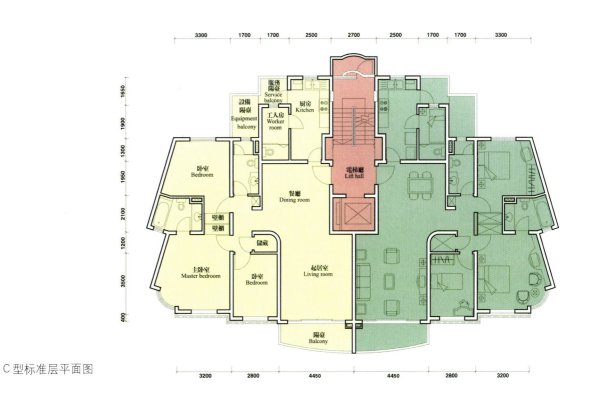

C型标准层平面图

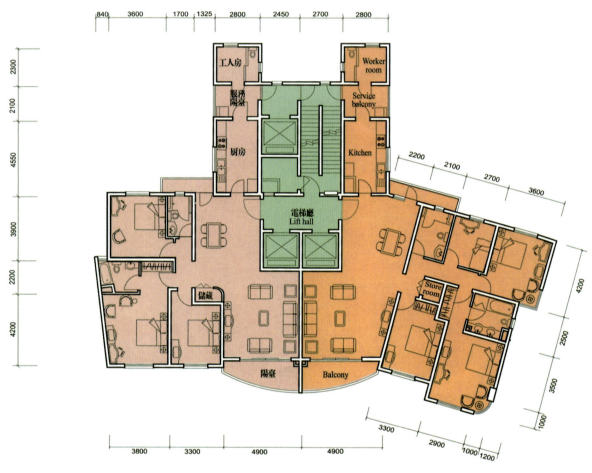

E型标准层平面图

上海仁恒滨江园一期

# 上海仁恒滨江园一期3A级住宅评定意见摘要

上海市仁恒滨江园一期工程1号楼、2号楼、3号楼、4号楼、5号楼、12号楼，即浦明路99弄1~21栋，通过3A级评审。

## （一）、适用性能

住宅平面组合关系恰当，功能分区明确，各功能空间面积配置基本合理，能做到动静分离、洁污分离、公私分离。套内穿堂风组织较好，主要居住空间视野开阔。大多数住户均能获得良好的景观，采取100%住宅室内装修一次到位，其装修配件部分实施标准化、成型化，有利于工厂化生产和现场装配。住宅设备配置较齐全，提高了住宅的舒适度和可居住性。住宅电梯直通地下停车库，方便居民使用。

## （二）、安全性能和耐久性能

仁恒滨江园一期住宅工程的安全性能、耐久性能，符合"商品住宅性能评定方法和指标体系"3A级的要求，工程质量优良。在勘察、设计、施工过程中，有材料出厂合格证，各项材料试验报告，隐藏工程检查验收单等，技术资料齐全，符合设计、施工管理程序和施工规范、规程的规定。设计、施工以及竣工后均经过消防主管部门审批和验收。

安全保卫系统有超前意识，内有监控系统，住宅每单元入口处有摄像监视系统。

## （三）、环境性能

仁恒滨江园西依黄浦江，其规划布局有效地利用和结合了周边的景观资源。住宅群体空间丰富，形成了良好的沿江景观。小区道路便捷，人车分流，组织有序，地下停车达120%，安全性和通达性好。小区绿化配置种类适宜，水景丰富，卫生设施齐备，环境清洁、优美。小区空气洁净，水质良好，市政设施和公共活动设施基本齐全，能满足居民的生活需要。设置了智能化设施，但小区绿地观赏性偏多，实用性偏少，建议增设供居民休闲和健身活动场地和设施。

## （四）、经济性能

根据仁恒滨江园工程开发单位提供的实际工程建安造价和上海市同类型建筑的造价资料，对仁恒滨江园一期工程经济性能进行了分析和测算，该工程的经济性能基本符合3A级商品住宅经济性能的要求。根据上海仁恒房地有限公司提供的建安单方造价及室外投资的单方造价确定$B$值为3055元/$m^2$，依据上海定额站提供的造价指标和市场同类建筑单方造价确定$B_{min}$、$B_{max}$值，并根据仁恒房地产滨江园一期工程的特点调整而成，$B_{min}$取为2850元/$m^2$，$B_{max}$取为4200元/$m^2$；希望进一步加强对工程的成本核算管理，及时总结和反馈，为今后的工程提供成功的经验。

# XI AN JIN YUAN
## 西安锦园一期

西安锦园由陕西龙安实业开发公司开发，中国建筑西北设计研究院设计。陕西龙安实业开发公司成立于1994年，七年来，公司经历了初期创业、稳定探索、发展壮大三个阶段。目前具有高级职称的管理人员23人，中级职称的管理人员55人，逐渐形成了一整套完善、高效的经营机制。公司的宗旨是"让社会满意、让政府满意、让业主满意"。被评为"1999年度纳税先进单位"、"1999年度纳税大户"及"西安市地税系统首批免检单位"。将开发北郊大明宫超大高档住宅小区——锦园新世纪，总建筑面积约60万$m^2$，投资总额为16亿元人民币。中国建筑西北设计研究院也是本书群贤庄的设计单位，本处不再介绍。

西安锦园总体规划设计方案经国家知名建筑设计专家团评审为优秀方案，建设用地经西安市土地公开拍卖大会以9000万元人民币获得，位于西安市原西关机场北端，占地9.53ha，总建筑面积26万$m^2$，其中住宅建筑面积19.7万$m^2$，公建配套面积3.83万$m^2$，总投资6亿元人民币。住宅由13幢11层小高层组成，框架剪力墙结构，基础及主体结构工程经陕西省质量安全监督总监验收，全部达到100%优良工程。有以下几个特点。

1. 西安锦园户户布局合理，功能完备，适用性能好。贯彻了主客分离、动静分离、食寝分离、洁污分离等设计理念，一梯2～3户，一梯一部三菱电梯。房型有二房二厅二卫、三房二厅二卫、四房二厅二卫及部分带屋顶花园的复式结构。每种户型起居室面宽均在4.8～6.5m，主卧室面宽近3.9m，引进国际先进的低温地板辐射采暖技术，24小时热水系统。

2. 小区的中央设置了10000$m^2$的中央绿色广场，由园艺专家配置中央花园，宅间绿地，显示出四季常绿、优雅华贵的气氛，配以音乐喷泉、雕塑小品、亲子乐园，构成了西安锦园独特的高品质的小区风格。绿化率42.6%，700个停车位的大型地下停车库，实行人车分流，人在地上走，车在地下行，充分保证了区内老人、儿童及居民休闲行走的安全和区内住宅的安静。楼间距33～42米，精湛、艺术的建筑物立面造型，高级仿石外墙面砖，大型雨廊、阳台、屋顶花园、叠水喷泉、雕塑小景、亲子乐园、铺地绿化等，充分展现了21世纪新生活居住理念。

3. 完善的服务配套设施系统。小区设有中央电视监控系统；单元密码IC卡感应门禁系统；全天候保安巡逻系统；小区周边红外线探测系统；户户可视对讲系统并与保安中心相连；紧急救助按钮；窗户红外线报警系统，并组建有专业训练的保安队伍全天候保安巡逻。配套设施的全面及服务项目的细微在西安市乃至西北地区住宅小区首屈一指，受到广大购房者的充分肯定。

4. 完善的教育体系。与知名学府西工大联袂创建"西工大锦园实验学校"。教育设施先进齐备，师资力量雄厚。

西安锦园于2000年12月通过了建设部2A级住宅性能认定，同时，通过建设部小康住宅综合验收，获得建设部、科技部"规划设计"、"科技进步"、"工程质量"、"环境质量"、"物业管理"五项大奖。此外，西安锦园曾被评为西安市民心目中的"优秀综合设施"、"明星康居楼盘"、"精品户型"，并被西安消费者协会授予"最放心房的单位和商品"，在西安的房地产界起到了一定的带动和示范作用，取得了良好的社会效益。

总平面图

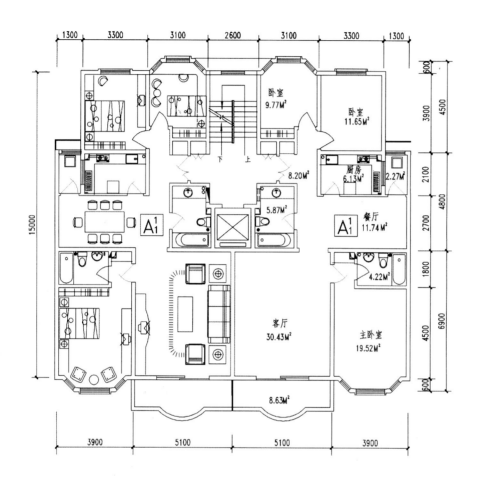

$A_1^1$-$A_1^1$型放大平面图

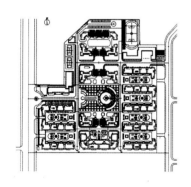

| 型号 | 户型 | 建筑面积 | 使用面积 | 使用面积系数 |
|---|---|---|---|---|
| $A_1^1$ | 三室二厅二卫 | 139.43 m² | 109.80 m² | 78.75% |

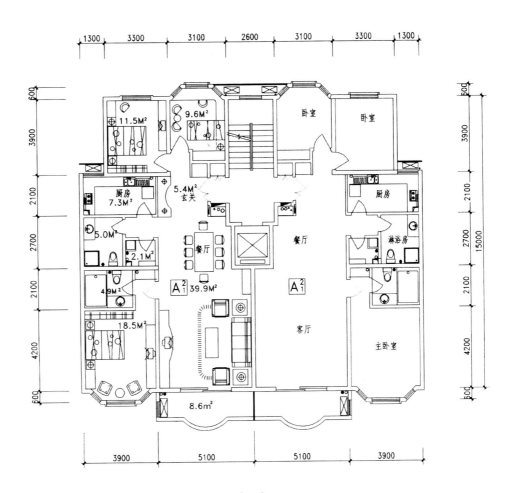

$A_1^2$-$A_1^2$型单元放大平面图

| 型号 | 户型 | 建筑面积 | 使用面积 | 使用面积系数 |
|---|---|---|---|---|
| $A_1^2$ | 三室二厅二卫 | 139.00 m² | 109.00 m² | 78.40% |

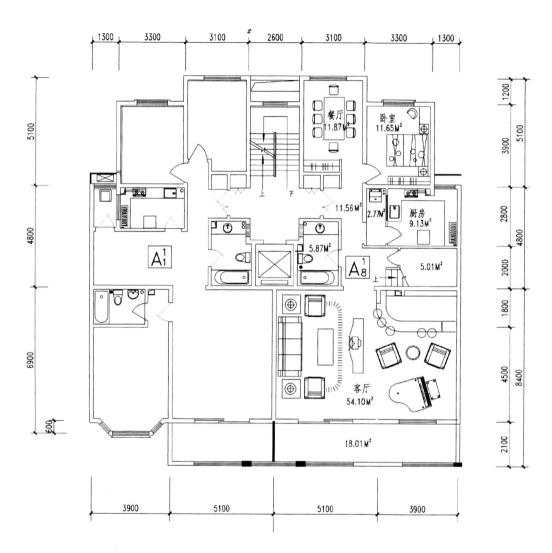
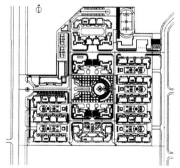

$A_8^1$型跃层一层放大平面图

| 型号 | 户型 | 建筑面积 | 使用面积 | 使用面积系数 |
|---|---|---|---|---|
| $A_8^1$ | 六室二厅四卫 | 341.05 m² | 276.12 m² | 80.96% |

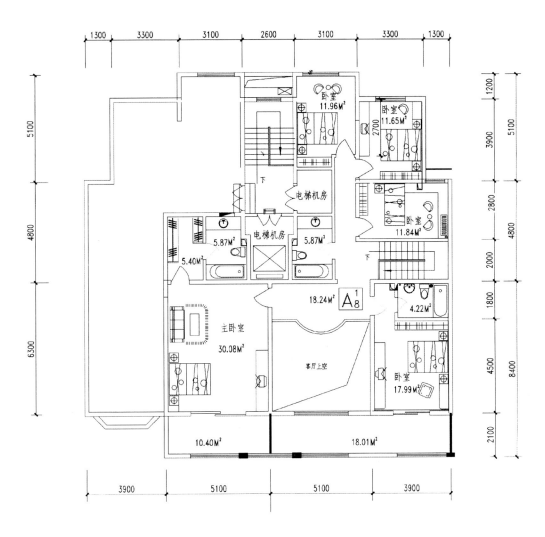

$A_8^1$ 型跃层二层放大平面图

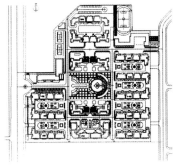

| 型号 | 户型 | 建筑面积 | 使用面积 | 使用面积系数 |
|---|---|---|---|---|
| $A_8^1$ | 六室二厅四卫 | 341.05 m² | 276.12 m² | 80.96% |

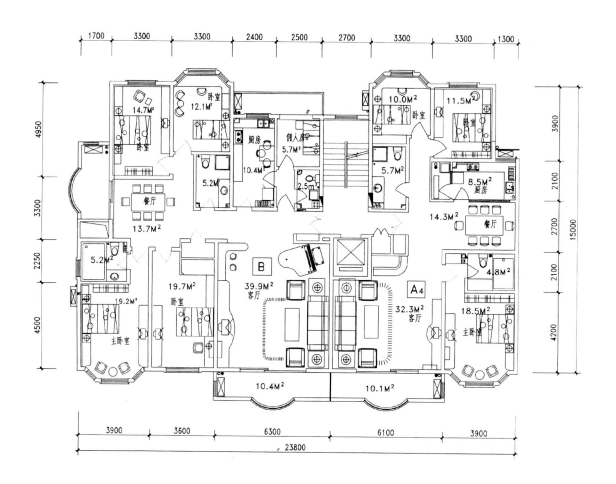
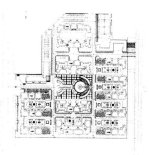

B-A 型单元放大平面图

| 型号 | 户型 | 建筑面积 | 使用面积 | 使用面积系数 |
|---|---|---|---|---|
| B | 五室二厅二卫 | 211.23 m² | 167.40 m² | 79.30% |
| A₄ | 三室二厅二卫 | 143.34 m² | 112.30 m² | 78.40% |

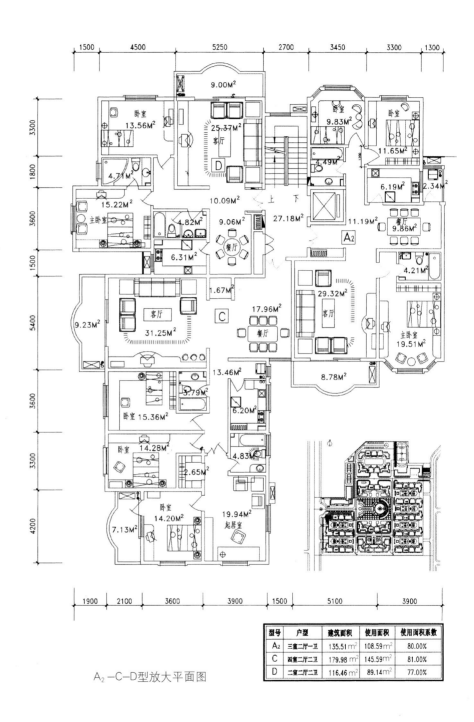

$A_2$-C-D型放大平面图

| 型号 | 户型 | 建筑面积 | 使用面积 | 使用面积系数 |
|---|---|---|---|---|
| $A_2$ | 三室二厅一卫 | 135.51 m² | 108.59 m² | 80.00% |
| C | 四室二厅二卫 | 179.98 m² | 145.59 m² | 81.00% |
| D | 二室二厅二卫 | 116.46 m² | 89.14 m² | 77.00% |

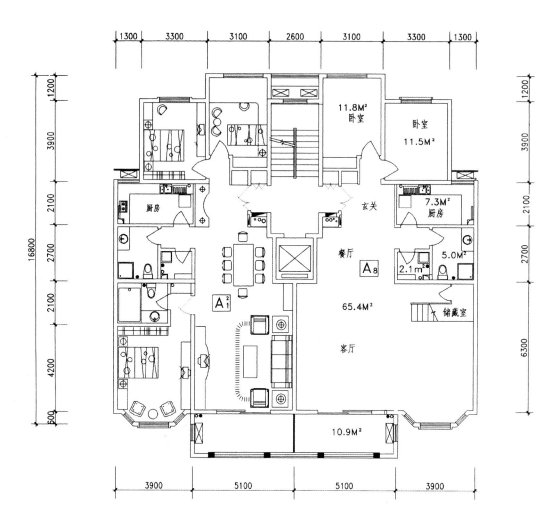

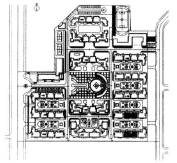

$A_8^2$型跃层一层放大平面图

| 型号 | 户型 | 建筑面积 | 使用面积 | 使用面积系数 |
|---|---|---|---|---|
| $A_8^2$ | 五室三厅三卫 | 301.84m² | 244.06m² | 80.80% |

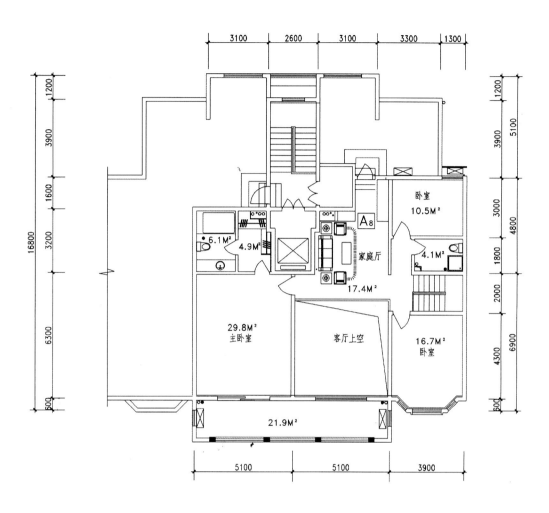

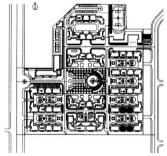

A$_8^2$型跃层二层放大平面图

| 型号 | 户型 | 建筑面积 | 使用面积 | 使用面积系数 |
|---|---|---|---|---|
| A$_8^2$ | 五室三厅三卫 | 301.84m² | 244.06m² | 80.80% |

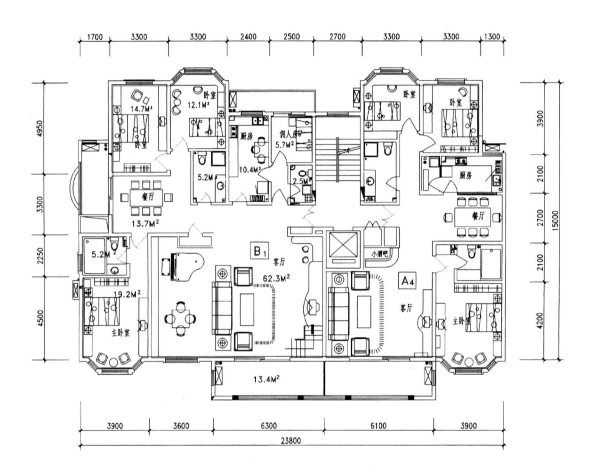
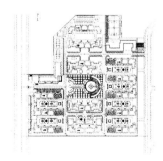

B₁型跃层一层放大平面图

| 型号 | 户型 | 建筑面积 | 使用面积 | 使用面积系数 |
|---|---|---|---|---|
| B₁ | 七室三厅五卫 | 362.90m² | 300.61m² | 82.80% |

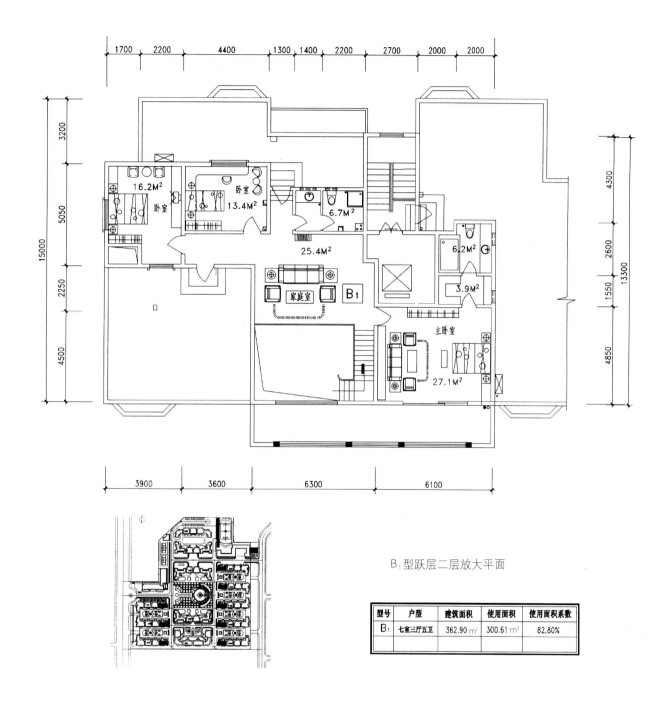

B₁型跃层二层放大平面

| 型号 | 户型 | 建筑面积 | 使用面积 | 使用面积系数 |
|---|---|---|---|---|
| B₁ | 七室三厅五卫 | 362.90 m² | 300.61 m² | 82.80% |

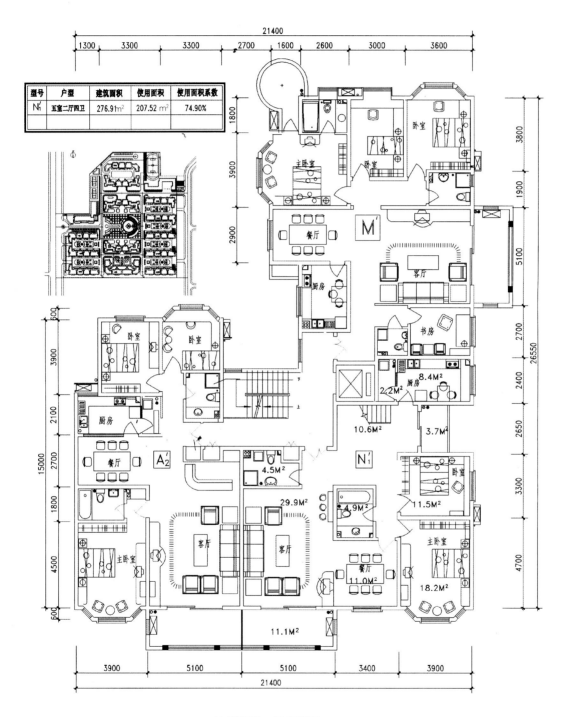

$N_1$型跃层一层平面图

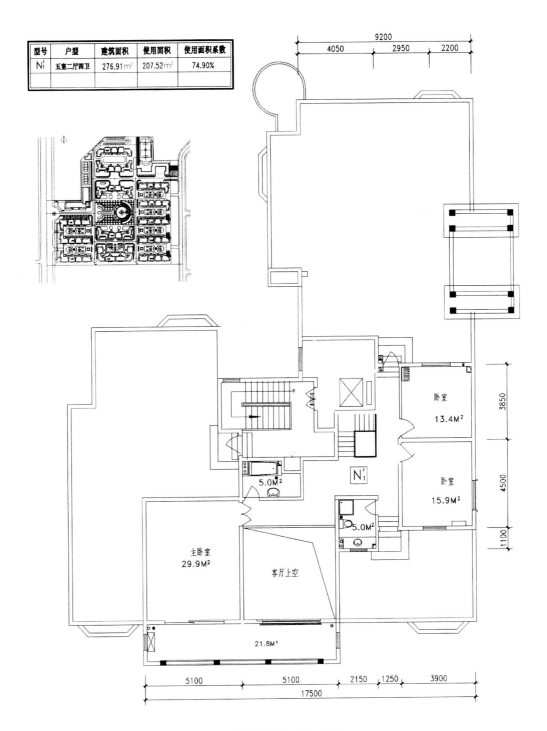

N₁型跃层二层平面图

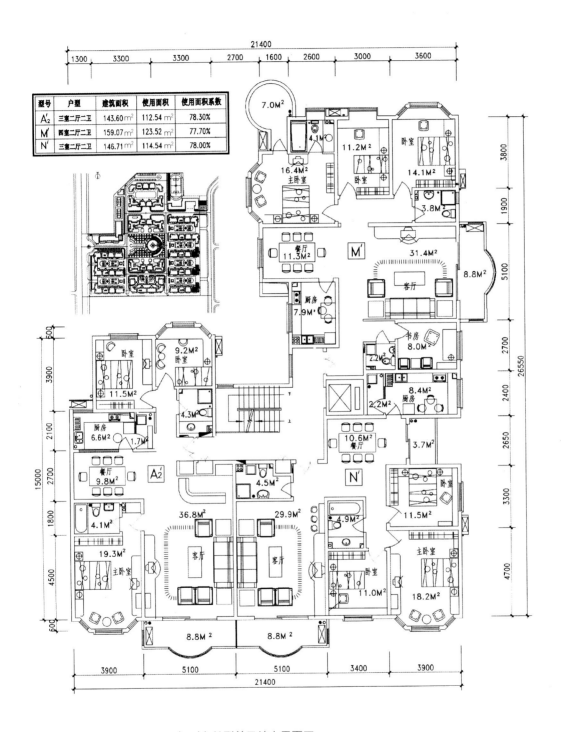

A₂-M-N型单元放大平面图

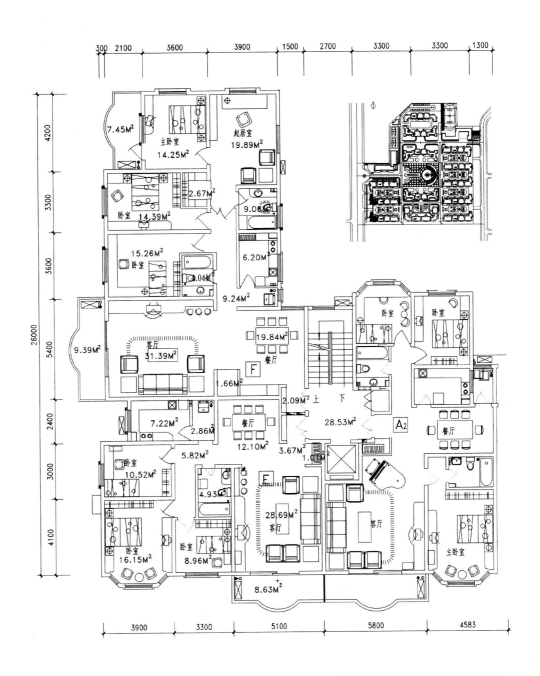

A₂-E-F型放大平面图

| 型号 | 户型 | 建筑面积 | 使用面积 | 使用面积系数 |
|---|---|---|---|---|
| E | 三室二厅一卫 | 127.56 m² | 101.93 m² | 80.00% |
| F | 四室二厅二卫 | 180.11 m² | 149.98 m² | 83.00% |

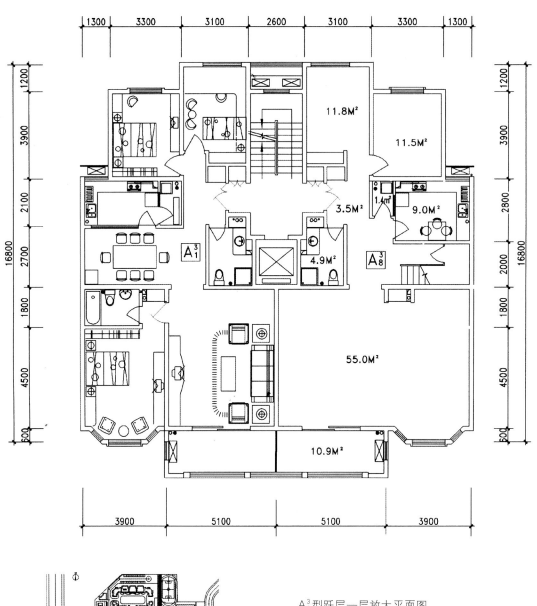

$A_8^3$ 型跃层一层放大平面图

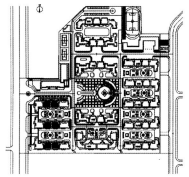

| 型号 | 户型 | 建筑面积 | 使用面积 | 使用面积系数 |
|---|---|---|---|---|
| $A_8^3$ | 四室二厅三卫 | 301.82 m² | 244.06 m² | 80.80% |

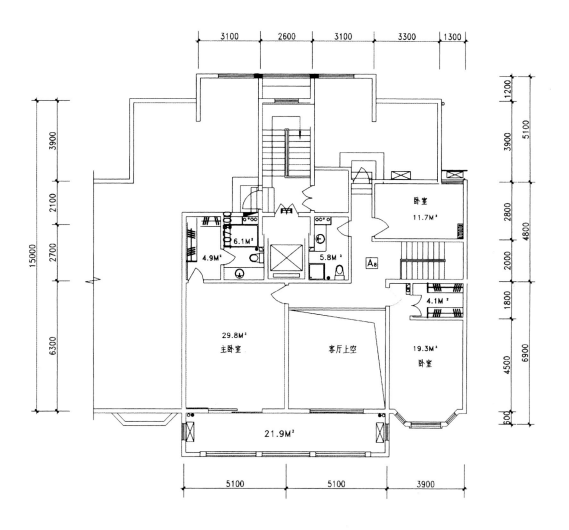

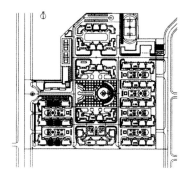

$A_8^3$型跃层二层放大平面图

| 型号 | 户型 | 建筑面积 | 使用面积 | 使用面积系数 |
|---|---|---|---|---|
| $A_8^3$ | 四室二厅三卫 | 301.82㎡ | 244.06㎡ | 80.80% |

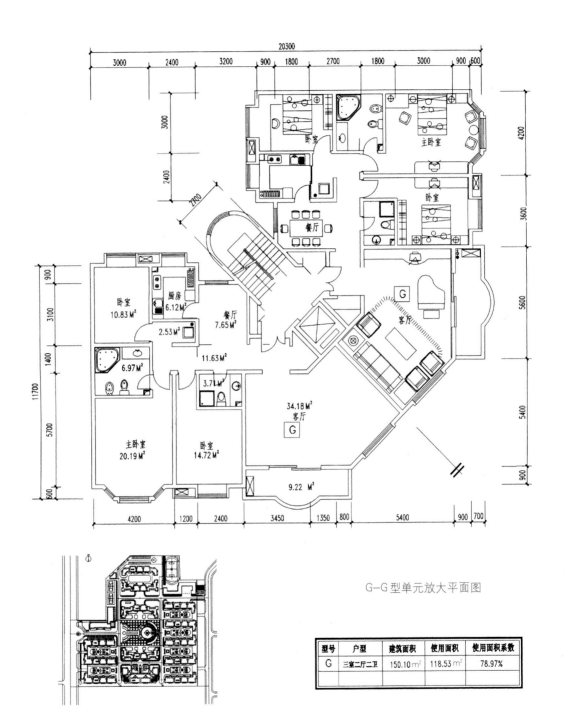

G—G型单元放大平面图

| 型号 | 户型 | 建筑面积 | 使用面积 | 使用面积系数 |
|---|---|---|---|---|
| G | 三室二厅二卫 | 150.10 m² | 118.53 m² | 78.97% |

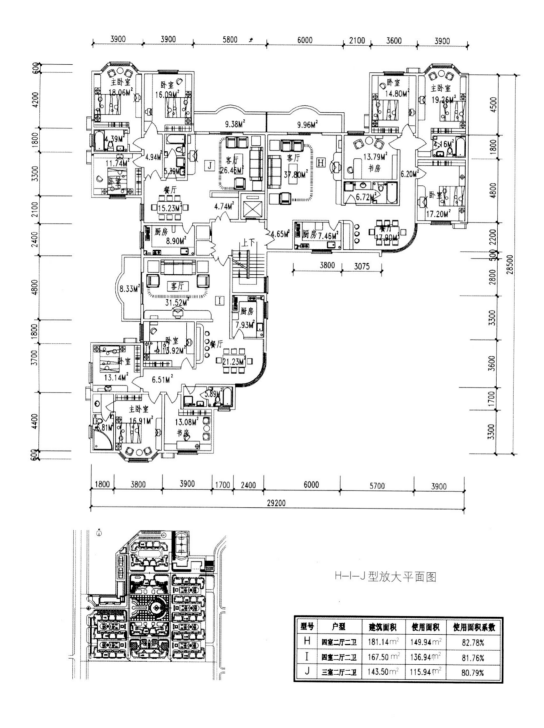

H-I-J型放大平面图

| 型号 | 户型 | 建筑面积 | 使用面积 | 使用面积系数 |
|---|---|---|---|---|
| H | 四室二厅二卫 | 181.14 m² | 149.94 m² | 82.78% |
| I | 四室二厅二卫 | 167.50 m² | 136.94 m² | 81.76% |
| J | 三室二厅二卫 | 143.50 m² | 115.94 m² | 80.79% |

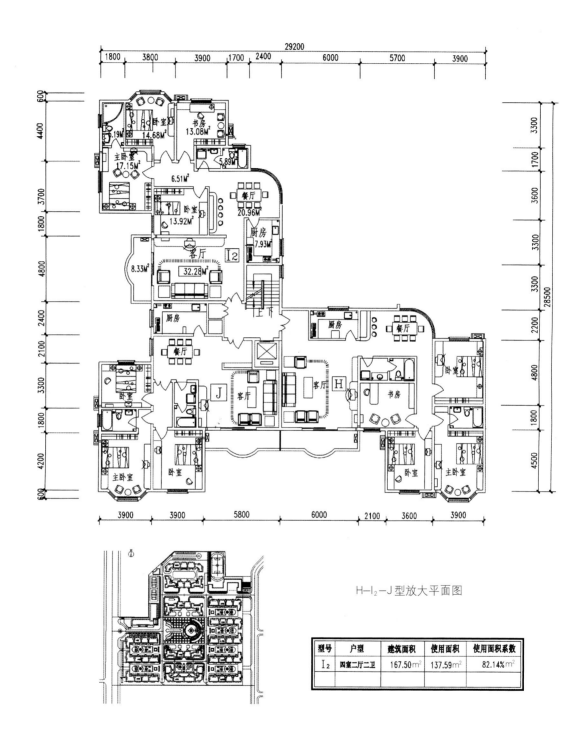

H—I₂—J型放大平面图

| 型号 | 户型 | 建筑面积 | 使用面积 | 使用面积系数 |
|---|---|---|---|---|
| I₂ | 四室二厅二卫 | 167.50m² | 137.59m² | 82.14%m² |

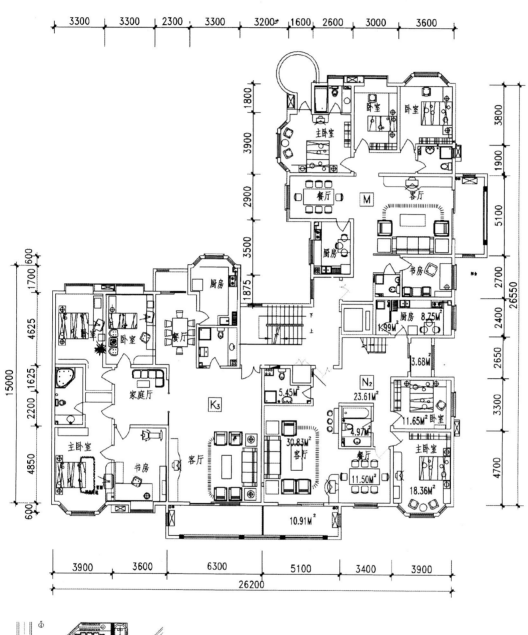
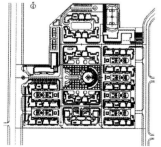

N₂型跃层一层平面图

| 型号 | 户型 | 建筑面积 | 使用面积 | 使用面积系数 |
|---|---|---|---|---|
| N₂ | 五室三厅四卫 | 305.24 m² | 264.38 m² | 86.81% |

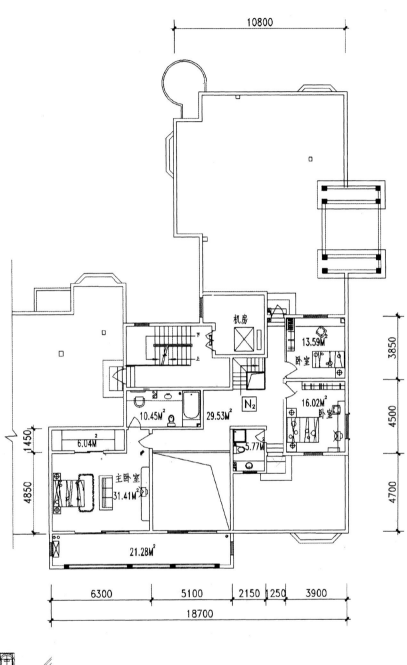

N₂型跃层二层平面图

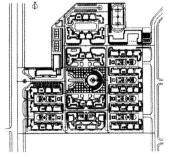

| 型号 | 户型 | 建筑面积 | 使用面积 | 使用面积系数 |
|---|---|---|---|---|
| N₂ | 五室三厅四卫 | 305.24m² | 264.38m² | 86.81% |

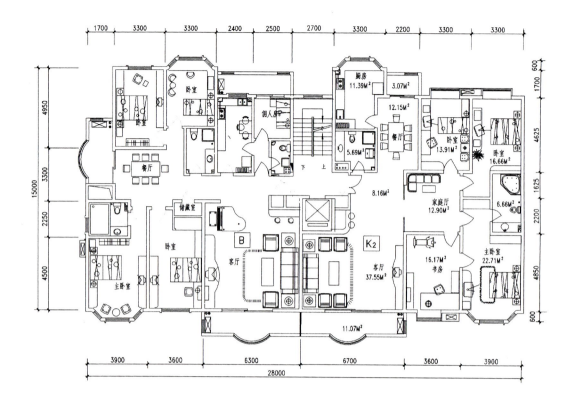

B-K₂型单元放大平面图

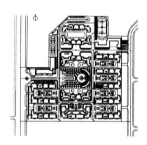

| 型号 | 户型 | 建筑面积 | 使用面积 | 使用面积系数 |
|---|---|---|---|---|
| K₂ | 四室三厅二卫 | 200.85m² | 163.95m² | 81.63% |

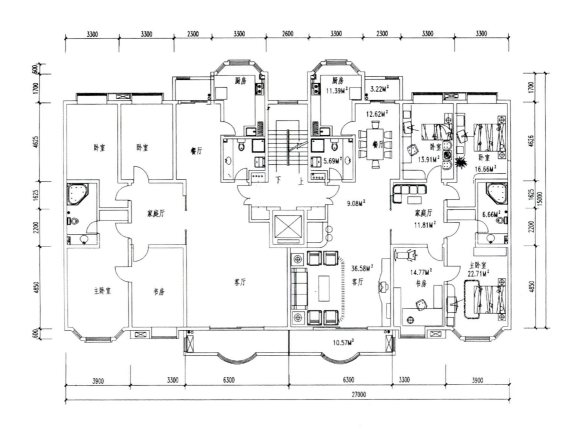

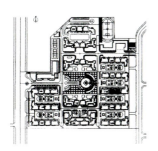

$K_1-K_1$ 型单元放大平面图

| 型号 | 户型 | 建筑面积 | 使用面积 | 使用面积系数 |
|---|---|---|---|---|
| $K_1$ | 五室三厅三卫 | 197.83m² | 161.88m² | 81.83% |

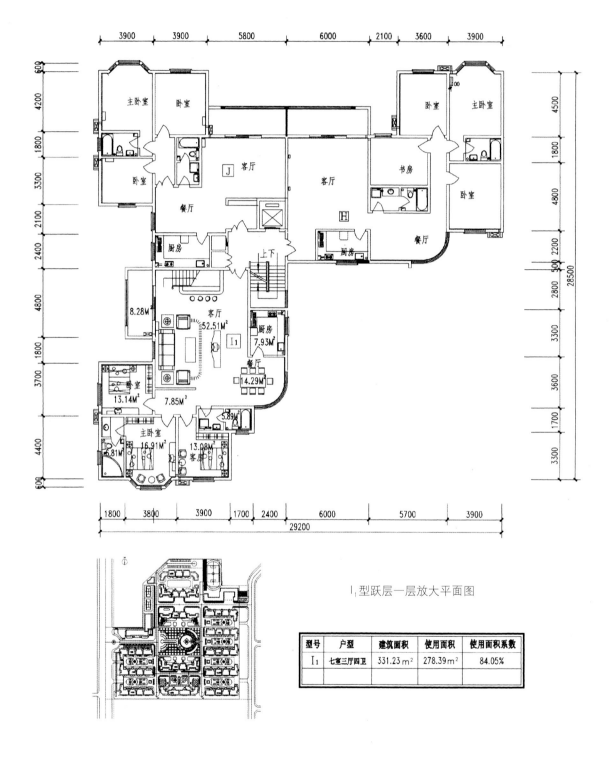

I₁型跃层一层放大平面图

| 型号 | 户型 | 建筑面积 | 使用面积 | 使用面积系数 |
|---|---|---|---|---|
| I₁ | 七室三厅四卫 | 331.23m² | 278.39m² | 84.05% |

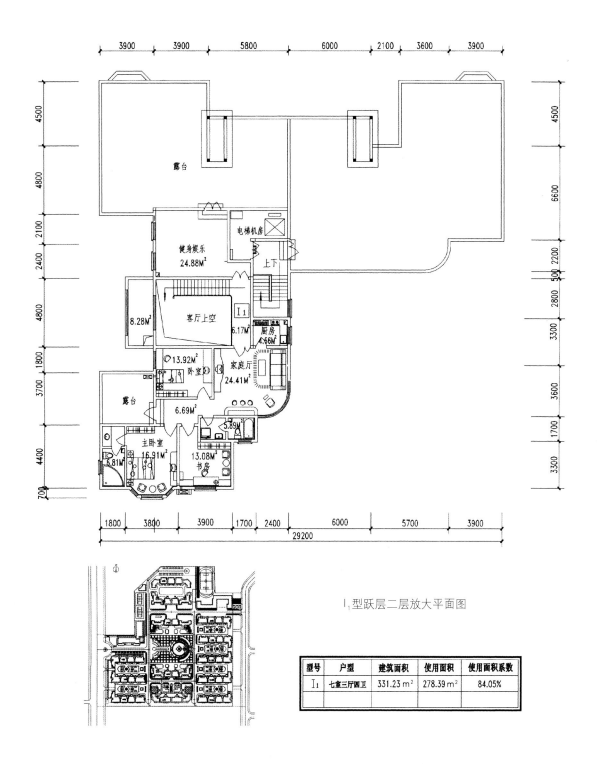

$I_1$型跃层二层放大平面图

| 型号 | 户型 | 建筑面积 | 使用面积 | 使用面积系数 |
|---|---|---|---|---|
| $I_1$ | 七室三厅四卫 | 331.23 m² | 278.39 m² | 84.05% |

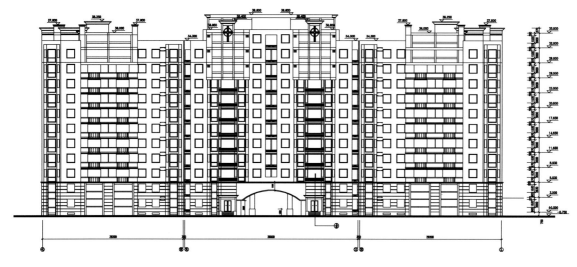

正立面图一

侧立面图一　　　　　侧立面图二

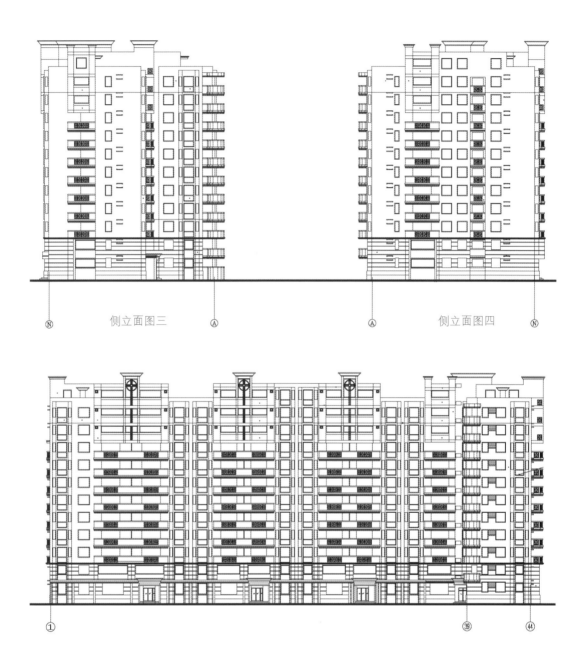

侧立面图三　　　侧立面图四

正立面图二

# 西安锦园一期2A级住宅评定意见摘要

西安锦园一期工程1号、2号、3号、6号、7号、8号共6栋楼通过2A级商品住宅性能认定。

## （一）、适用性能

西安锦园一期工程共设有18种套型。住宅平面空间关系紧凑、合理，平面规整。进深较大，符合北方地区住宅建筑特征，套内各类功能空间齐备，并在部分户型内设有专用洗衣房、工人房，公共与私密空间划分明确，起居厅无穿越干扰。户内厨卫设置均比较恰当，采光、通风均较好。住宅内采用低温地板辐射式采暖，可进行调节，既方便又节能，厨卫管线设置简捷，便于计量检修。大开间剪力墙结构体系，使住宅空间间隔灵活并提供了发展改造的可能。采用成熟的墙体内保温和屋面、管线及苯板保温地板做法，效果良好。

## （二）、安全性能及耐久性能

西安锦园坐落在西安旧机场路道部位，地基地质条件较好，采用碎石垫层和700mm厚的钢筋硬板筏基础，施工质量良好。建筑物总沉降量不超过20mm，且沉降较均匀。主体结构采用钢筋混凝土剪力墙体系，抗震性能好，围护墙体采用加气混凝土砌块，减轻了建筑物自重。外墙瓷砖粘贴牢固，未发现脱落现象。保安设施较齐全，居民安全有保证。

主体结构材料为钢筋混凝土，施工质量良好，经久耐用。外墙瓷砖为优质产品，施工粘贴牢固，勾缝饱满。所采用的原材料和产品品质优良，耐久性较好。在室内装修时，要充分满足住宅的安全和耐久性能。

## （三）、环境性能

西安锦园地处西安市内一环路与二环路之间，地理位置优越。小区规划布局结构清晰，功能分区明确。住宅楼全部由11层小高层组成，提高了容积率。道路构架清楚，分级明确，满足消防、救护和住户出行等要求。人车分流，出入口设置得当，通达性好。住宅群体层次清楚，单体造型简捷，色彩明快，6号、7号楼设计了过街楼，使小区建筑空间相互通透，创造了良好的空间效果。设有变频高速加压供水设施，水压满足有关规范要求，蓄水池设有必要的防污染措施，饮用水水质经检验符合国家卫生标准要求。排水系统雨污分流，就近排入城市雨水管网系统。绿地率满足环境性能指标要求。集中绿化与分散绿地相结合，木本植物种类丰富，栽种了多种不同组合的植物群落，其造型、色彩与小品搭配形成了较好的绿色景观。绿地中儿童活动设施和夜间照明设施可满足儿童和老年人休闲活动需要。小区生活垃圾采用袋装化收集和密封保洁运送，卫生保洁和空气质量良好。公共服务设施较完善，市政基础设施齐全。设有入口与周边安防报警和电视监视系统、可视对讲门控系统和紧急求助系统、冷热水表、电表户外计量、燃气IC卡计量收费、集中供暖温控计量等智能系统设施。

西安锦园一期

# RONG HE XIN CHENG
## 广西荣和新城三期

广西荣和新城三期由广西荣和企业集团下属的南宁华联房地产开发有限公司开发建设。广西荣和企业集团是一家多元化经营的民营股份制集团企业，房地产开发是集团公司的主营业务，投资6个多亿，成功开发了荣和新城一、二、三期等大型房地产开发项目，占领当地市场10%～20%的份额。荣和新城三期的大部分住宅为2A级。该公司现阶段正在筹建广西最大的住宅小区——"荣和山水美地"，占地200ha，发展势头良好。

荣和新城位于南宁市邕江之畔，三面环江，与南宁市著名的风景区"青秀山"隔水相立，南宁市唯一的市内湖泊"南湖"，与其毗邻而居，北靠高耸的白沙大桥，地理位置优越，环境宜人。总占地28ha，其中三期工程占地11.47ha，总建筑面积12.22万㎡，住宅建筑面积11.88万㎡，24栋多层住宅，8栋小高层住宅。以满足住宅的适用性、安全性、耐久性、环境性为原则，从各个方面满足《商品住宅性能评审办法和指标体系》的要求。该项目主要有以下特点：

1. 荣和新城三期在规划方面以人为本，力求从居住者的感知出发，创造亲和、舒适、人性化的室内外生活空间，营造人与自然共存、共生的家园。住宅院落采取"内向围合"的半封闭空间组织形式。单体设计强调标准化、多样化、灵活性。

2. 注意对厨卫的成套整体化设计，注意提高住宅科技含量。大量采用新技术、新设备、新材料，达42项，如日本SKK涂料、朗讯综合布线系统等，改善了住宅的使用功能和工程质量。

3. 小区的环境采取多层次空间序列逐渐展开的手法进行设计，小区绿化采用集中与分散，点、线、面相结合的手法，形成由中心绿地广场、滨江绿地、带状组团绿地、庭院绿地、屋顶绿地五级绿地组成的完整的绿地系统。

小区在当地起到了一定的示范作用，前来参观学习的人络绎不绝，为消费者提供了高品质的住宅。

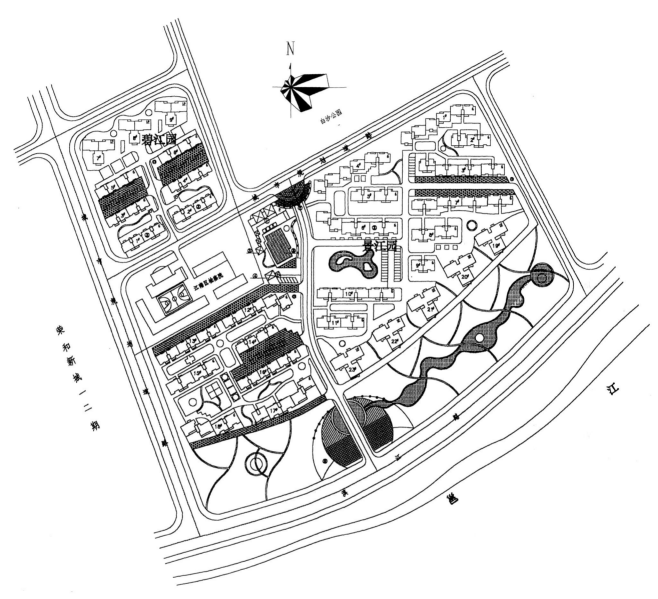

总平面图

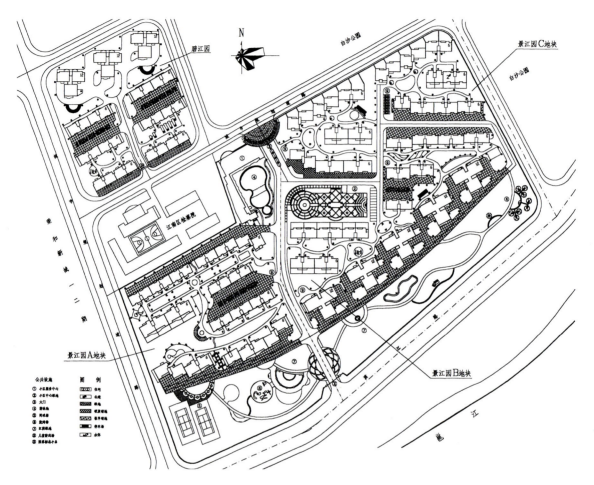

绿化总平面图

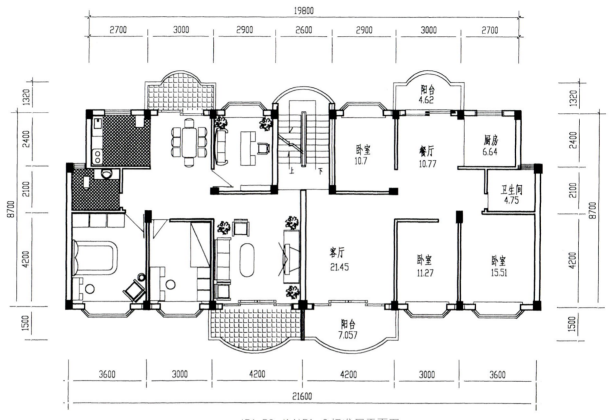

(B1 B2 J14)B1-2标准层平面图

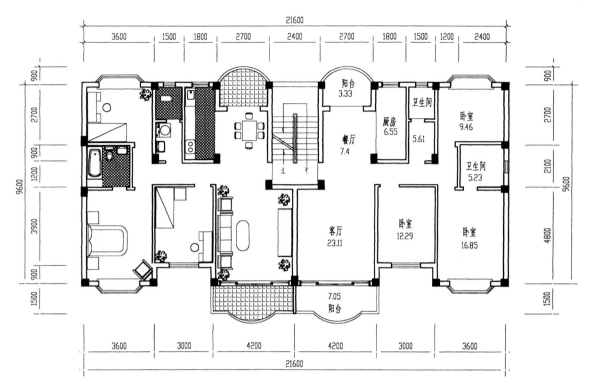

(B5 B6 J2 J3 J8)C1-2标准层平面图

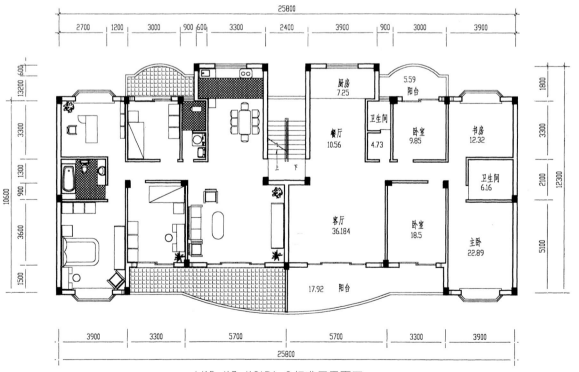

(J15 J17 J18)D1-3标准层平面图

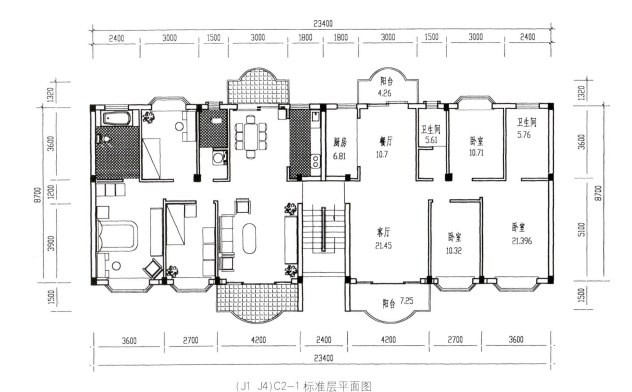

(J1 J4)C2-1标准层平面图

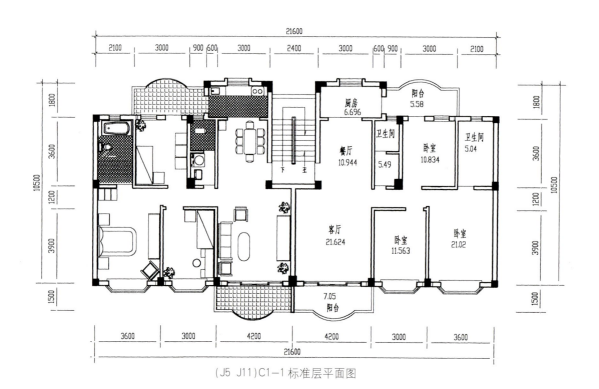

(J5 J11)C1-1标准层平面图

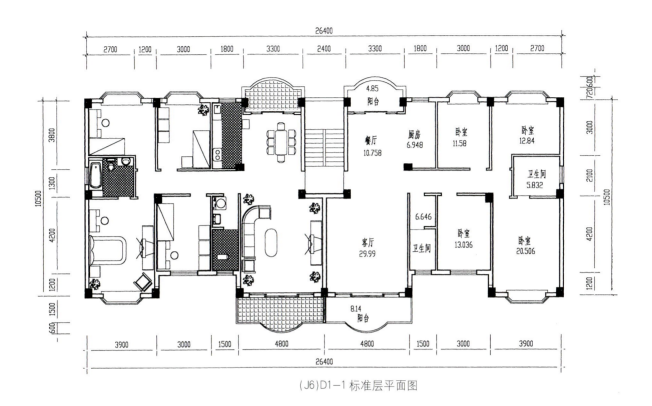

(J6)D1-1 标准层平面图

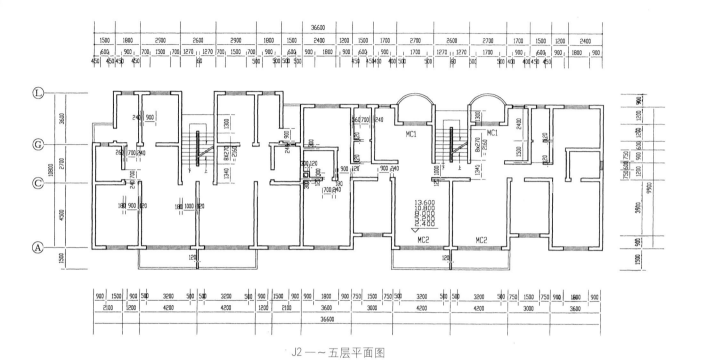

J2 一～五层平面图

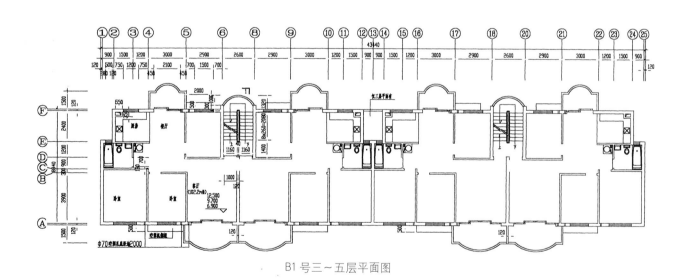

B1号三～五层平面图

广西荣和新城三期

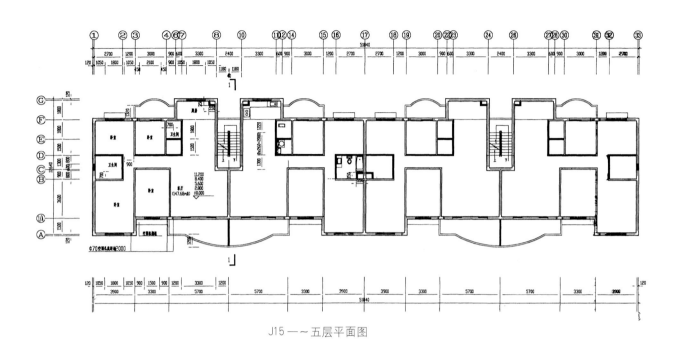

J15 一~五层平面图

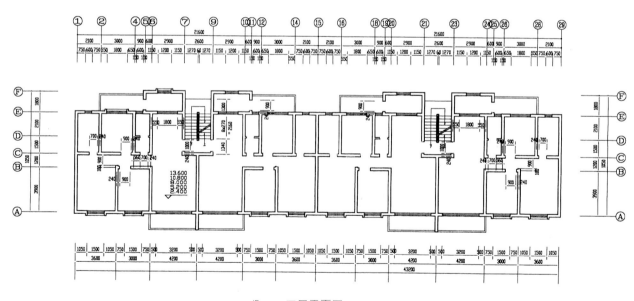

J5 一~五层平面图

J5 立面图

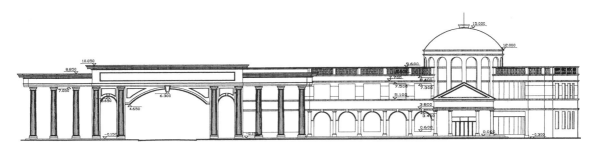

景江园大门立面

B1 正立面

# 广西荣和新城三期2A级住宅评定意见摘要

广西南宁荣和新城三期碧江园1#、2#，景江园1#、2#、4#、5#、6#、10#、11#、15#，共10栋住宅通过2A级商品住宅性能认定。

## （一）、适用性能

荣和新城三期所申报的2A级住宅性能认定项目共10栋，基本套型6个。住宅平面功能较齐全，公与私、洁与污空间基本分区合理，主要居住功能空间面积配置得当，并有较稳定的活动空间，视野开阔，通风与采光良好，起居室、厨房、餐厅配置紧密，厨卫干管集中暗敷，布置合理，设备电源等接口到位，卫生间采取下沉式，避免了穿楼板现象。注意空调室外机冷媒管的位置及冷凝水的排放处理措施，采用框架结构体系，为住宅室内的可改造性创造了条件，提供了菜单式住宅室内统一装修的可选择方案。

## （二）、安全性能和耐久性能

主体结构采用钢筋混凝土框架结构，施工质量良好，混凝土强度设计符合规范，满足住宅安全性要求。住宅总平面布置，耐火等级，安全疏散及防火设施均符合《建筑设计防火规范》，并通过建设和消防主管部门验收，设置了小区门禁系统，周界红外线对射报警系统，全天候闭路电视监控系统，住宅楼宇可视对讲系统，家庭无线报警系统等，保证了住户的安全。屋顶平台、阳台、楼梯间、栏杆高度、垂直杆件间净空符合要求，安装牢固可靠。

住宅建筑新采用的原材料部件及各类产品均有合格证和必要的复试资料，用料质量优良。施工质量优良，并为二次装修预留了空间，创造了有利条件，可避免成品破坏。外涂料采用日本弹性涂料，涂刷质量优良，经久耐用，瓷砖粘贴牢固，未发现有脱落现象。防水材料及防水施工技术优良，给排水管衬不锈蚀，寿命长。

## （三）、环境性能

荣和新城位于南宁市江南白沙片的东南部，小区三面环江，地理位置与自然环境优越，交通便利，市政及公建齐全。规划布局紧凑，结构清晰，道路系统分级明确，实行人车分流。住宅楼按一定序列组成院落空间，宅前绿地与院落能够较好地结合，格调统一，和谐。中央和院落绿地设置了园林小品、雕塑、亭廊、座椅等，沿江绿化带，高低起伏，植物种类丰富，营造了园林式的居住环境。小区周边无污染源，声环境和空气质量良好。小区的饮用水水质经检测符合国家卫生标准的要求。小区排水实施雨污分流，污水经埋地式接触氧化法系统处理后，排入邕江，符合有关标准的要求。公共设施齐全，生活垃圾实行分类袋装，密闭清运。小区设有周界红外线报警和闭路电视监视系统；可视对讲和门禁系统；无线防盗报警、煤气和火灾报警系统；IC卡智能收费管理系统以及建有光缆传输，10兆以太网综合布线，交换机中心控制的局域网络系统，为小区实施科学化、现代化管理创造了条件。

广西荣和新城三期

# LONG HU HUA YUAN
## 重庆龙湖花园一期

重庆龙湖花园南苑由重庆龙湖置业发展有限公司(原重庆中建科置业有限公司)开发,项目总占地46.7ha,于1996年5月破土动工。

龙湖花园南苑位于重庆市渝北区风景秀丽的九龙湖南岸,项目占地16.5ha,总建筑面积23万$m^2$,其中住宅19万$m^2$,由联排别墅、多层公寓及高层电梯公寓等各种高低不同、错落有致的建筑构成。小区共分为五个组团:佑湖苑、享湖苑、聚云苑、在绿苑和四栋高层住宅,于2001年4月竣工,绿化面积6.3万$m^2$,绿地覆盖率45%,总户数达1161户,人均绿地面积15$m^2$。小区坚持"四季有花香,处处有绿意"的设计原则,以常绿树和大面积草坪为主,配以花和灌木,营造疏林草地的效果。其中南苑中心绿化广场(1.8万$m^2$),以集中休闲和开阔式的景观为主题。由于龙湖花园紧邻15.3ha的九龙湖这一得天独厚的自然条件,在湖边形成了2万$m^2$环湖绿化带。南苑沿湖绿化带更突出其闲余野趣和大自然的本色为主。在管理上实行区内绿化精细管理,湖边绿化粗放管理的思想,根据植物特点和人文景观搭配,尽显龙湖花园在环境绿化方面的独具匠心。

小区配套建设有学校、超市、幼儿园、会所、网球场、游泳池等生活服务设施、娱乐休闲设施、社区教育设施等,充分满足居民对生活高品质的追求,为社区的健康生活方式提供物质条件,同时也为小区长远发展留有余地。完备的硬件生活配套,配上开阔的绿地广场,秀丽的湖滨小径以及千姿百态的植物,不仅为业主提供了一种高品质的生活环境,还开创了重庆高档住宅小区的第一蓝本,使龙湖花园一跃成为房地产开发行业的第一品牌。

龙湖花园的物业管理独具特色,以"善待你一生"为经营理念,通过标准化、专业化、人性化的物业服务方式和丰富多彩,寓教于乐的社区文化活动,努力创造社区文明并形成了示范小区独特的文化氛围,荣获了"市安全文明小区"、"市整洁小区"和"全国城市优秀物业管理住宅小区"等荣誉,成为重庆市的住宅物业管理的样板。

龙湖花园经过五年的建设,已经成为重庆市住宅业的著名品牌。龙湖花园的成功,标志着3A、2A级住宅性能认定得到了市场的充分认可,促进了新技术、新工艺、新的设计理念,新的营销理念,同时也提高了重庆市房地产行业的发展水平。

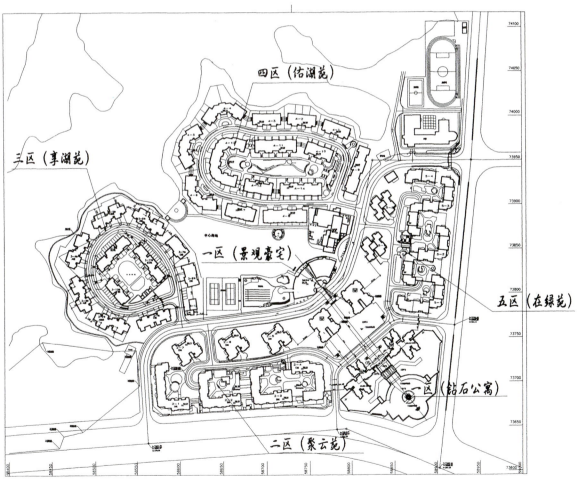

总平面图

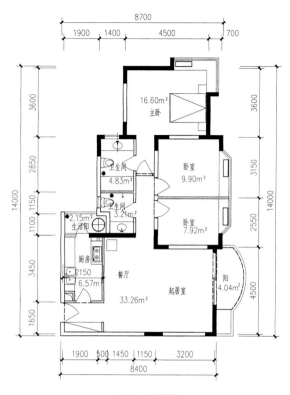

A6 户型平面图
建筑面积:115m²

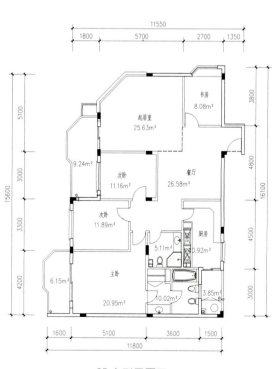

C5 户型平面图
建筑面积:164m²

A型别墅一层平面图
建筑面积：285m²

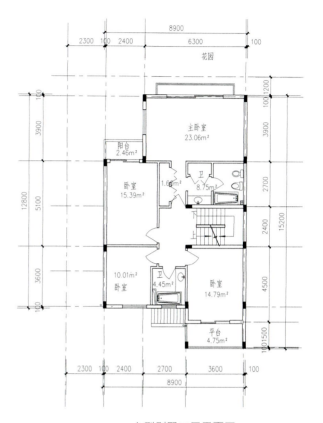

A型别墅二层平面图
建筑面积：285m²

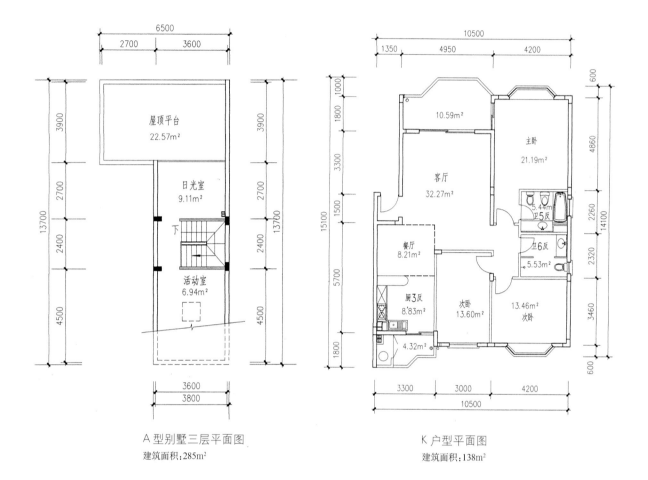

A型别墅三层平面图
建筑面积:285m²

K户型平面图
建筑面积:138m²

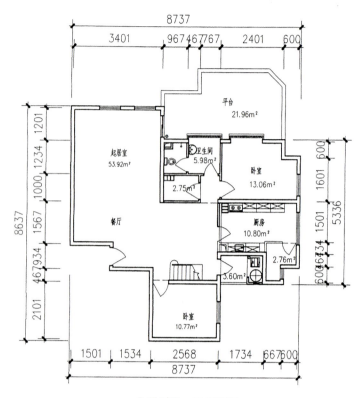

B型别墅一层平面图

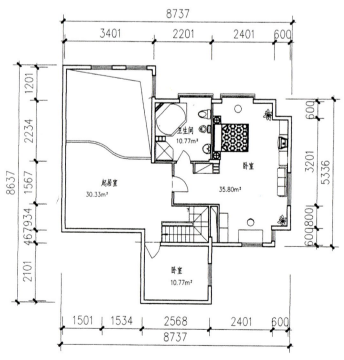

B型别墅跃层型平面图
建筑面积：256m²

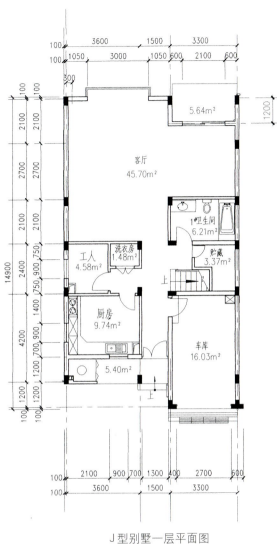

J型别墅一层平面图
建筑面积：280m²

J型别墅二层平面图
建筑面积：280m²

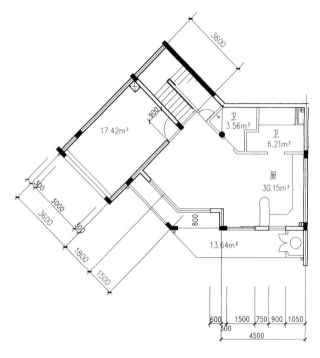

G1别墅底层平面图
建筑面积：319.63m²

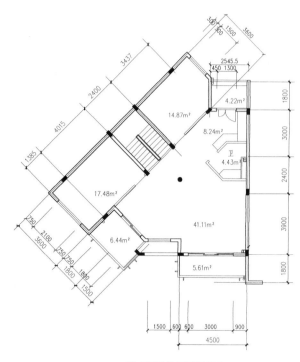

G1别墅首层平面图
建筑面积：319.63m²

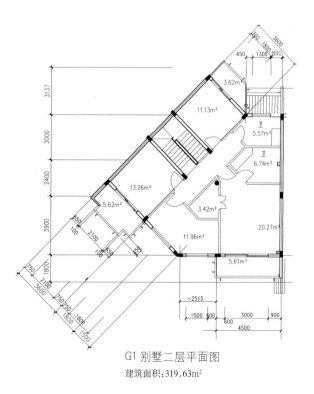

G1别墅二层平面图
建筑面积：319.63m²

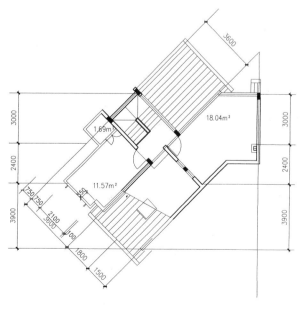

G1别墅顶层平面图
建筑面积：319.63m²

重庆龙湖花园一期

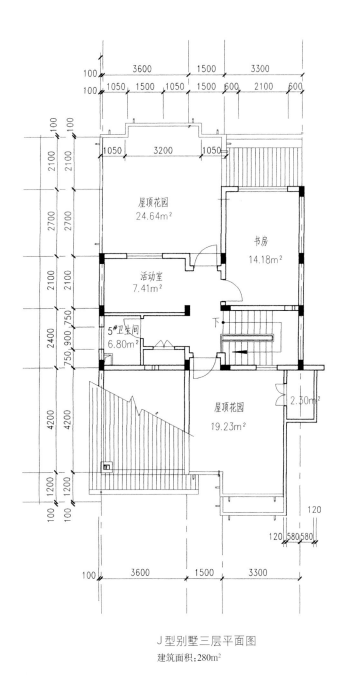

J型别墅三层平面图
建筑面积:280m²

B1型住宅平面图
建筑面积:140.43m²

C6户型平面图
建筑面积:159m²

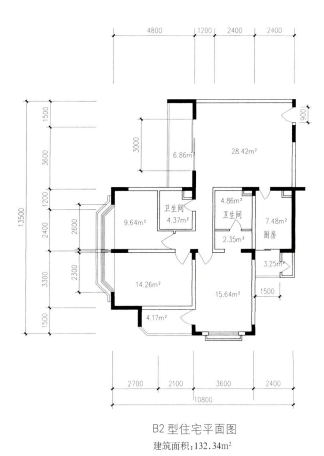

B2型住宅平面图
建筑面积：132.34m²

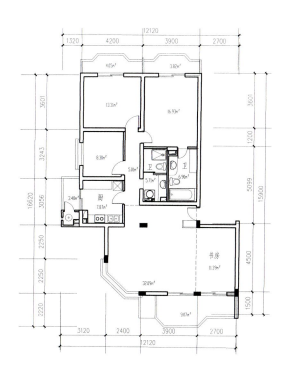

C1户型平面图
建筑面积：147m²

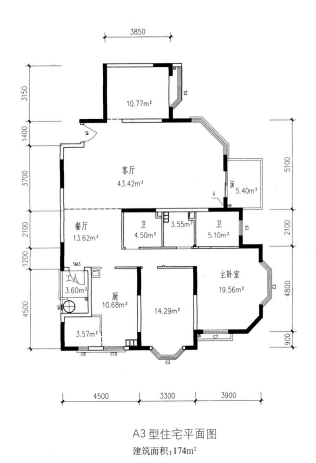

A3型住宅平面图
建筑面积：174m²

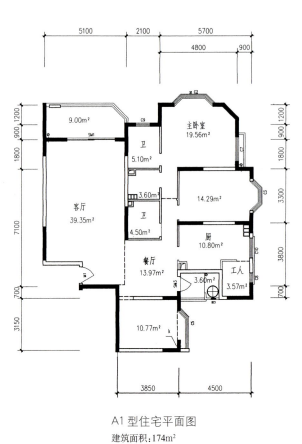

A1型住宅平面图
建筑面积：174m²

重庆龙湖花园一期

# 重庆龙湖花园一期3A.2A级住宅评审意见摘要

重庆龙湖花园一期工程的享湖苑，佑湖苑通过3A级住宅性能认定，聚云苑、在绿苑、博德台、仪德台通过2A级住宅性能认定。

**（一）、适用性能**

重庆龙湖花园一期工程，套型多样，有低层、多层、中高层及高层，多种类型组成，满足住户多种需求。

龙湖花园因地制宜，结合丘陵、水体、依山傍水、点线结合，退台、跃层高低错落，灵活布局，北厅南卧，东厅西卧，多种围合，既增加亲和性，又提高识别性。

小区住宅套内功能齐全，配置基本得当，布局比较合理，动静分区，洁污分离，方便住户使用。

小区住宅利用地形高差，设置半地下室、地下室车库，提供汽车、摩托车车位，方便住户回家就近停车。

主要卧室、起居室具有较好朝向，通风良好，视野开阔，景色宜人。

厨卫集中设置，设施齐全，尺度较为适宜，便于管道集中设置。

住宅造型比较简洁，坡顶退台，凸窗阳台，大方新颖，色彩淡雅温馨。

**（二）、安全性能和耐久性能**

在建筑结构方面，根据建筑高度的不同，分别采用框筒结构体系和异型柱框架体系，选型合理，符合结构和地基规范的要求，并采用了多项对结构安全有利的新技术，现场观察未发现结构的安全隐患，经一年多的沉降观测，沉降和不均匀沉降都很小。地基基础与主体结构的材料强度等级、氯离子与碱含量、钢筋保护层厚度、抗渗、抗漏等都符合规范规定和性能认定要求，为结构耐久性提供了较好的基础，经现场检查，无结构性裂缝，无明显不均匀沉降。屋面、雨篷、挑檐、踢台等无缝隙，屋面、墙面、地下室未发现渗漏，对保证结构耐久创造了良好的条件。

在建筑防火方面，总平面布置符合规范要求，耐火极限选用得当，防火分区合理，安全疏散符合规定，防火设施比较齐全，设计施工均通过了消防部门的审批与验收。

燃气电气设备方面，选用的燃气设备安全性能较好，系统设计也较合理，安装场所符合要求，供电线路与设备有较完善的保护措施，施工质量经监理单位和有关部门验收合格，验收资料齐全。电线入户及分支回路数满足规定要求，使用安全方便，所用电气材料均有出厂证明，多、中、高层住宅都设置了防雷系统，应设置电梯的住宅，电梯均有出厂合格证，专业队伍安装，通过有关部门质量验收。

室内、公用空间采用的涂料、瓷砖均符合材料标准、施工质量和设计要求，质量较好，外墙瓷砖质量和粘贴好,色彩协调,线条直,勾缝密实匀称,比较美观。防水工程方面,屋面防水材料比较好,且有多道防水,施工质量好,屋面无裂缝、无积水、保证屋面无渗漏,所有管道、地漏重点部位都有较好的处理措施,竖向管道设在管道井内,避免了穿越楼板、消除渗漏隐患,保证了室内美观。地下室防水构造合理,施工质量好,室内干燥,现场检查无渗漏。防腐性能方面,管道、管线和金属结构件均有防腐处理。

### (三)、环境性能

用地选择得当,规划中充分利用地形、地貌和水体,丰富了空间和景观层次,尺度恰当。道路构架清楚,分级明确,交通简捷顺畅,停车组织合理,主干道采用了可降低尘埃和噪声的沥青细密混凝土路面。植物种类丰富,乔木—草本型、灌木—草本型、乔木—灌木—草本型多层次配置植物群落,且充分利用停车位、阳台进行了绿化。小区设置了标牌、标志和室内外体育活动场所,考虑了老人和儿童的室外活动场地和设施,创造了亲和的邻里交往气氛,营造了宜人的居住生态环境。

### (四)、经济性能

根据重庆龙湖花园一期三区享湖苑、四区佑湖苑两个组团的单位工程平均建安造价和重庆市造价管理总站提供的同类型别墅工程造价实例,以及各类性能的实际得分进行对比分析和计算,该两个组团住宅性能成本比和日常运行能耗,基本符合3A级住宅经济性能要求。

重视提高住宅功能质量和保证工程质量,降低工程造价,在小区总体规划设计,建筑基础设计,建筑结构设计等方面,充分利用浅丘、九龙湖的地形、地貌和地质条件,做到建筑的类型配置和工程结构优化,大量减少土石方,节约土石方的挖填费用,并降低了物业管理的维护费用。

# YANG GUANG HUA YUAN
## 昆明阳光花园昊苑

阳光花园昊苑是由云南云电阳光房地产股份有限公司（原云南庆丰房地产开发有限公司）开发建设的高档商品房住宅小区。该公司成立于1996年，具有二级房地产开发资质。云电阳光秉承"超越所有期待，让生活充满阳光"的开发理念，成功地开发了国家安居工程及商品房48.10万m²，其开发建设的阳光花园以其"先导性、超前性、示范性"被云南省建设厅确定为云南省省级示范小区，在2001年中国住交会上被评为"中国名盘"，受到了居民的赞誉和政府的肯定。云电阳光致力于成为学习型的企业，以顾客为核心是每一位员工服务的最终目标，是一个团结协作、敬业奉献、开拓创新的年轻集体。

云南省设计院创建于1952年，是承担民用与工业项目的大型综合性设计院。具有建筑设计甲级资质，城市规划乙级资质，可以承接国外工程的勘察、咨询、设计和外派劳务人员。拥有规划、建筑、结构、给排水、电气等三十余个专业的技术人员323人，其中高职68人，中职231人，国家级设计大师1人，一级注册建筑师32人，一级注册结构师75人。拥有先进的技术设备和设计手段，在工程勘察、设计和科研方面获国家级、部级和省级优秀奖100余项，收到良好的社会效益，得到社会各界的好评。

阳光花园昊苑位于昆明市滇池路3km处，距市中心4.8km，南北侧分别是船房河和西坝河，毗邻昆明滇池国家旅游度假区，与西山睡美人遥遥相望，附近有海埂体育训练基地、红塔体育中心，以及云南民族村、南亚风情园等众多旅游度假、餐饮娱乐场所。环境优美，风景秀丽，地势平坦，空气质量全年良好，周边市政设施完善，交通便捷。工程于1999年3月开工，2000年4月竣工交付使用。

阳光花园昊苑占地8.3ha，总建筑面积9.97万m²，其中住宅建筑面积7.06万m²。共有住宅楼22幢，440套住宅。容积率0.98，绿化率50.2%，每户1.02个停车位，在昆明市目前建成的小区中居领先水平。

1. 小区布局以横贯东西的中轴线展开，设有约5000m²的中心绿化广场，下设半地下车库，人车分流。区内贯通南北的是一条景观走廊，两端配以多种乔木、人造丘陵，植被高低错落、疏密相间，空间收放有序。

2. 建筑外观借鉴云南民居的造型特点，白墙灰瓦坡屋面，色彩清新淡雅，具有浓郁的东方情调。

3. 昊苑户型设计合理，室内空间布局紧凑、灵活、新颖，体现了现代生活特点和新的居住理念。

4. 小区周边设有红外线报警系统、电子巡更系统、电子摄像监控系统、应急广播、背景音乐等子系统的综合管理系统，对整个小区进行智能化管理。

昊苑以舒适、人性、绿色生态环境为主题，与东方民居的建筑风格相融合，体现阳光、空气与人和谐共存的现代生活理念，建筑、环境与人共同营造出浓浓的东方文化社区氛围。

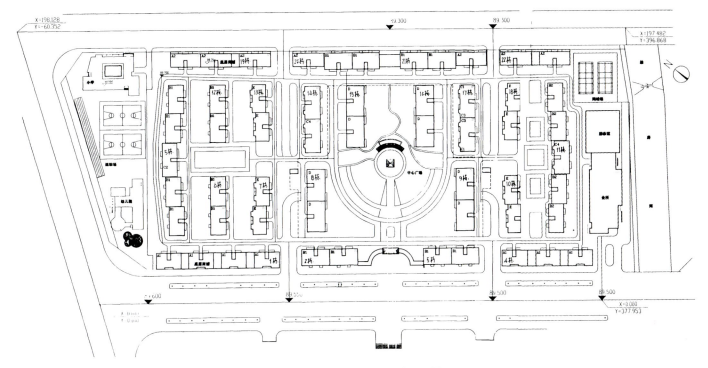

阳光花园昊苑总平面图

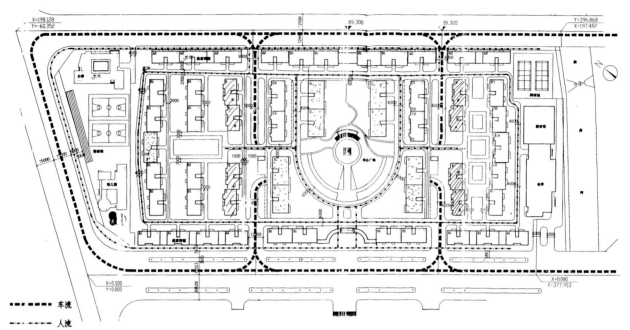

阳光花园昊苑交通流线分析图

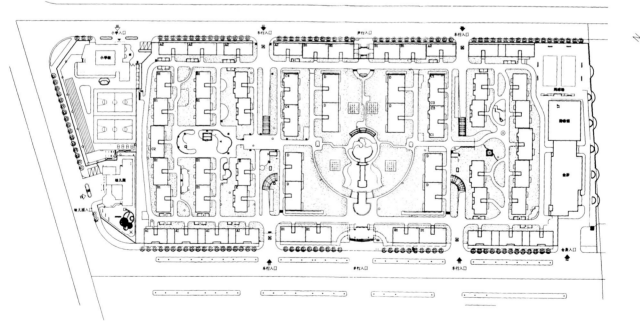

阳光花园昊苑环境布置图

昆明阳光花园昊苑

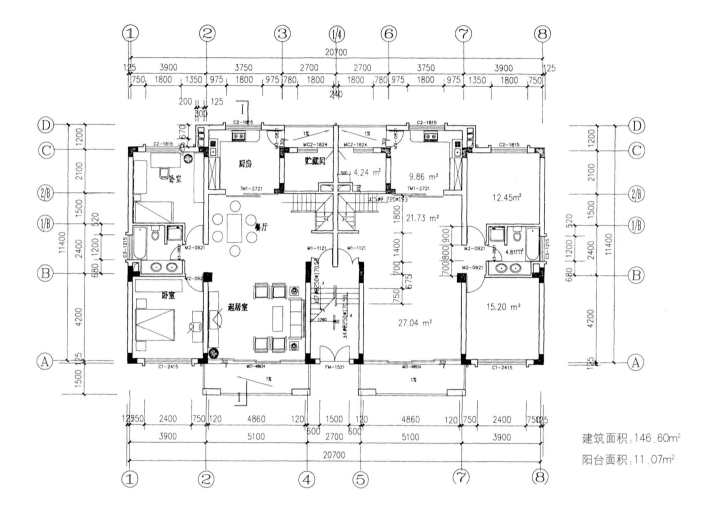

E型单元一层平面图

建筑面积：146.60m²
阳台面积：11.07m²

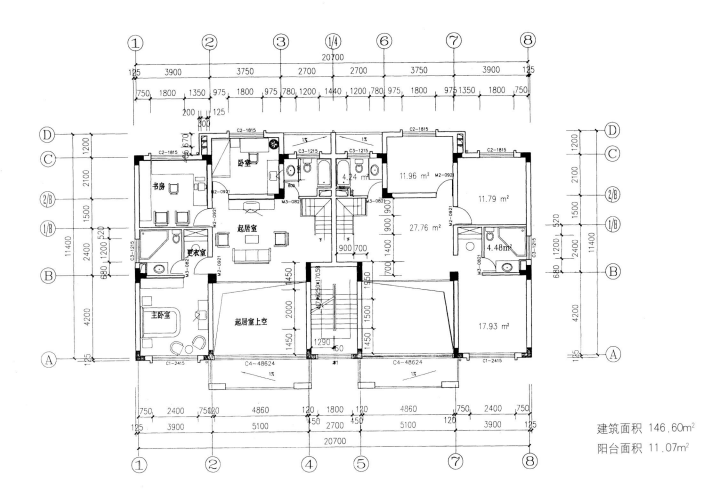

E型单元二层平面图

建筑面积 146.60m²
阳台面积 11.07m²

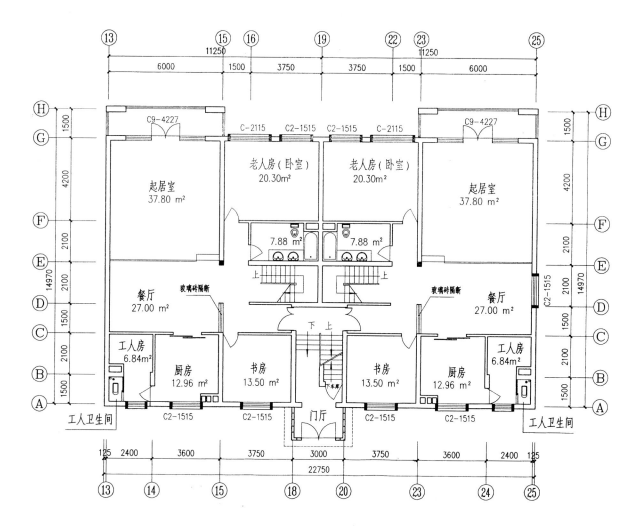

D型单元一层平面图

昆明阳光花园昊苑

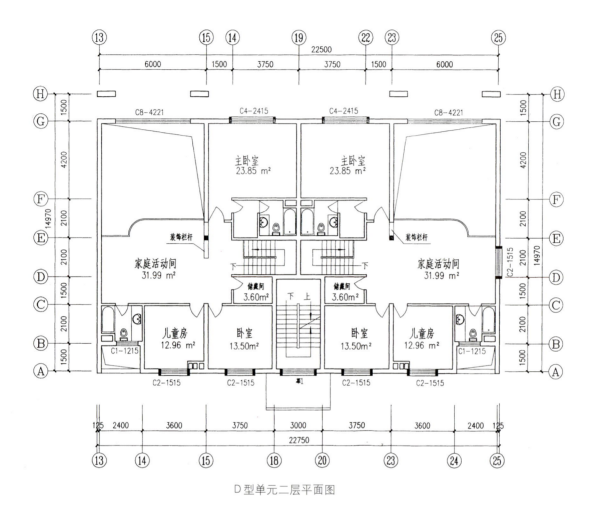

D型单元二层平面图

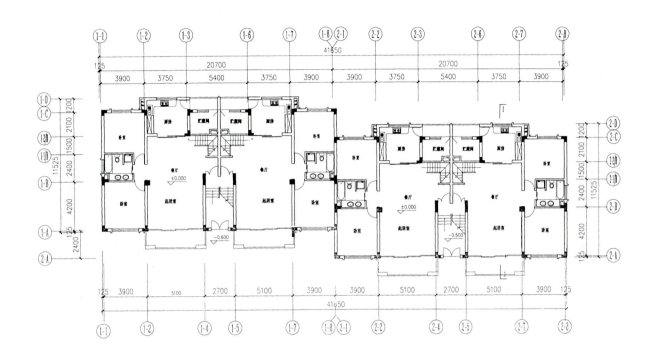

E型一层平面图（7,18栋）

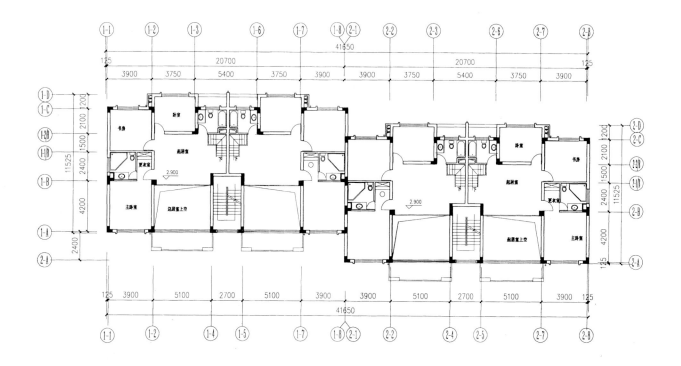

E型二层平面图(7,18栋)

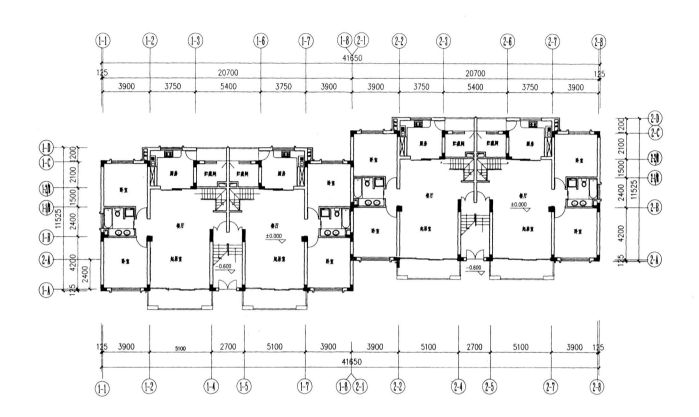

E型一层平面图(10.13栋)

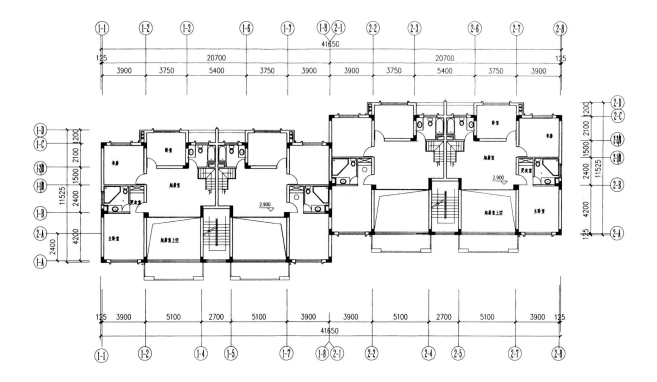

E型二层平面图(10,13栋)

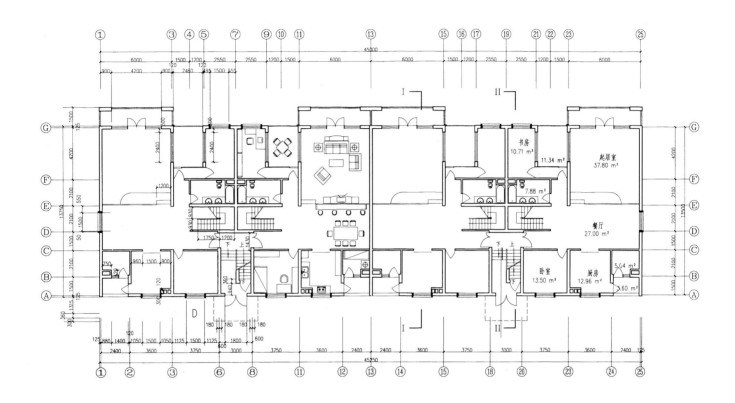

8栋,9栋,15栋,16栋一层平面图

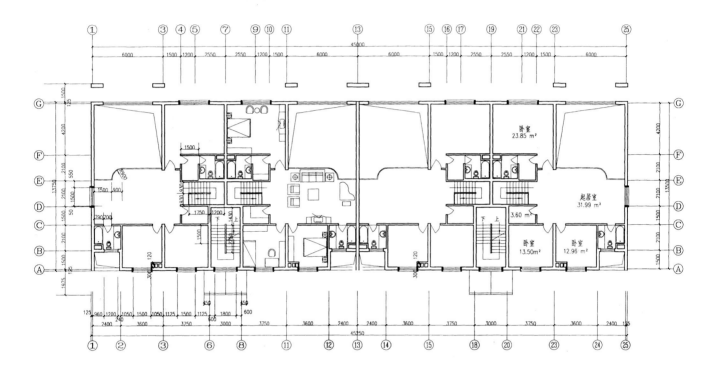

8栋,9栋,15栋,16栋二层平面图

昆明阳光花园昊苑

立面图

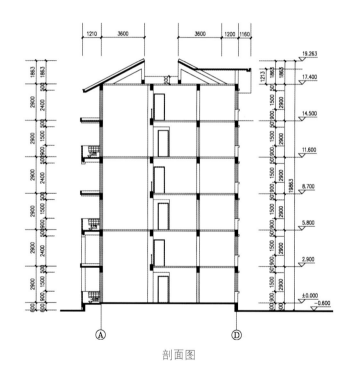

剖面图

# 昆明阳光花园昊苑3A级住宅评定意见摘要

阳光花园昊苑D,E户型共8栋住宅通过建设部住宅性能认定3A级住宅性能认定。

### 一、适用性能

住宅平面布局紧凑,空间交通联系简捷,住宅平面功能分区明确,使用方便,互不干扰。各使用功能空间配置合理,尺度适宜。结合阳台布置小室,增加了住宅的适应性。利用户内两层空间布局方式,能更加灵活的按不同使用性质分区,增加了居住空间的多样性。另外,各使用空间均有良好的通风和采光。

### 二、安全性能和耐久性能

阳光花园昊苑的建筑结构设计,施工遵照管理程序进行,建筑防火经过了消防主管部门的验收。根据地基情况采用振动沉管灌注桩,基础工程隐蔽记录齐全,科技含量较高,资料比较齐全,并进性了沉降观测,差异沉降量小而且稳定,保证了房屋的安全。采用钢筋混凝土异型柱框架结构,混凝土工程的质量满足设计要求,施工垂直度检测满足要求。住宅小区供电线路设计能保证住户使用需求和规范要求,火灾报警系统及燃气泄露报警系统安全可靠。对电气和燃气采用的材料均有合格证及验收报告,工程安装验收资料齐全。

阳光昊苑结构体系也有利于房屋的耐久使用,能按照设计和施工规范要求,确保基础及主体结构,隐蔽工程的耐久性,地下室使用防水混凝土有利于耐久性。混凝土保护层厚度,砖,砂浆及混凝土强度均满足规范要求。外墙面砖粘贴牢固,质量好,屋面,橱卫及外墙防水构造设计合理,施工资料齐全,验收合格,未发现渗漏和积水现象。材料的选用注意了耐久性的要求,设备的采用重视了质量和配套,整个住宅的耐久性较好。重视物业管理,注意维护修理,也提高了住宅的耐久性。

### 三、环境性能

阳光花园昊苑总平面规划结合地形,合理地布置了住宅组团,小学校,幼儿园和会所等建筑,分区明确,使用方便,区内道路交通灵活,并可在一定程度上做到人车分流。结合小区主入口设置了大型中央集中绿地,并结合住宅组团的小型集中绿地,形成较完整的绿地系统,能为居民提供较舒适,空间景观多变的户外活动空间和场所。采用全地下架空停车,有利于地面上保留更大的绿地和场地,减少平面交通带来的干扰,噪声,尾气等不安全因素。创造了安逸的居住环境。

### 四、经济性能

在保证项目施工质量的情况下,阳光花园昊苑对土建工程费,安装工程费等成本费用,控制较好,费用适中,预算与决算相差较小;建设单位通过比较分析采用了适合项目实际情况的振动沉管灌注桩基础形式，科技含量较高，节约成本明显。小区在采购使用各种建材过程中能够严格管理,节约成本。小区性能成本比指标总体良好，各项性能成本指标得分均衡，未出现明显侧重于某一项指标的情况，这表明建设单位在投资建设过程中，能够综合考虑住宅的各项性能要求，从整体上提高住宅性能。

关于日常运行耗能，小区住宅保温隔热性能较好，能相应节约日常使用中的制冷耗能，室内外通风效果良好，易于节能；住宅室内外采用光设计质量高，采用了各种性能的节能灯，日常运行费用较小。小区防水性能，防腐性能好，日常所需维修费用小。

# QUN XIAN ZHUANG
## 西安群贤庄

西安群贤庄小区由西安市汇鑫置业有限责任公司开发，由中国建筑西北设计研究院设计。西安市汇鑫置业有限责任公司是具有二级房地产开发资质的股份制公司，成立于1996年6月，注册资金3000万元。已成功开发了西安东县门三区旧城改造、早慈巷康居楼盘和汇鑫温泉小区。中国建筑西北设计研究院是西北地区成立最早、规模最大的甲级建筑设计单位，由中国工程院院士1人，建筑设计大师2人，689名专业技术人员组成，已构筑起一支专业配套齐全，级配比例合理的设计技术队伍，是ISO9001贯标单位。已完成各项设计3000余项，建筑面积达3855万㎡，标准设计90余项，在建筑抗震、黄土地基研究、薄壳理论研究与设计等方面处于全国领先水平，节能、环保等科研课题取得了多项成果，与世界40多个国家和地区建立了业务联系。

群贤庄因坐落于盛唐群贤坊而得名，位于古城西安高新技术产业开发西区，周边自然环境优越，人文气息浓厚。由中国十大建筑师之一的张锦秋大师设计，获2000年全国建筑设计一等奖。占地4.1ha，地上总建筑面积61842㎡，其中住宅建筑面积59425㎡。

该小区有以下特点：

1. 盛唐风格，稳健大度。群贤庄传承了中国历史上最为辉煌的盛唐建筑艺术，17栋5层盛唐风格建筑，以平屋为主，凸起的轮廓变化与局部的小坡顶，通过屋顶和外立面的石材装饰，突现出整个建筑的稳健大度。

2. 住宅舒适宜人。住宅全部坐北朝南，小进深，大开间，所有厅室均直接采光，具有良好的通风采光性能。

3. 环境自然别致独特。社区内绿地率达40%，中央花园下设双层地下停车场，每户一个车位，中心花园为大型中空假山，由江南韩氏假山世家精心打造，设有组织瀑布与环山溪池，配合宅前绿地、楼顶花园、喷泉、雕塑小品等。园林布局将文化品位渗透到建筑、园林的每个细节，体现了建筑与人、建筑与环境、人与环境合二为一的境界。

4. 设备配置提升住宅性能。群贤庄将传统艺术和现代科技成果完美结合，五层带电梯、户式中央空调、地热温泉水、三星级智能化、塑钢中空玻璃门窗等，提高了住宅的性能。

群贤庄不仅在于对中国传统建筑艺术的继承，对地域人文背景的挖掘，更在于建一个时代精品，建一座可作为历史文化遗产保留下来的现代民居精品。

总平面图

绿化总平面图

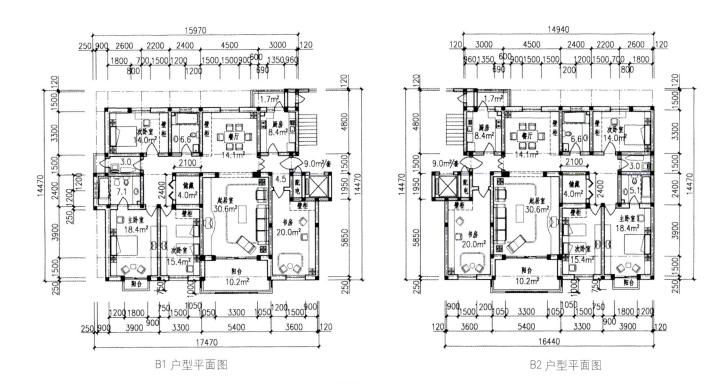

B1 户型平面图　　　　　　　　　　　B2 户型平面图

技术经济招标

| 标准套型 | 套建筑面积 | 套内使用面积 | 套使用系数 |
|---|---|---|---|
| B₁ 四室两厅 | 227.4m² | 175.2m² | 77.0% |
| B₂ 四室两厅 | 220.9m² | 173.3m² | 78.5% |

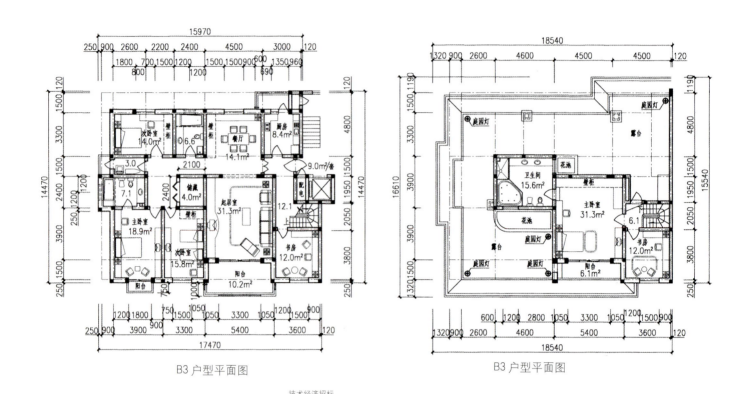

B3户型平面图  B3户型平面图

技术经济招标

| 标准套型 | 套建筑面积 | 套内使用面积 | 套使用系数 |
|---|---|---|---|
| $B_3$ 六室两厅 | 314.0m² | 248.8m² | 79.2% |
| $B_4$ 六室两厅 | 307.6m² | 246.2m² | 80.0% |

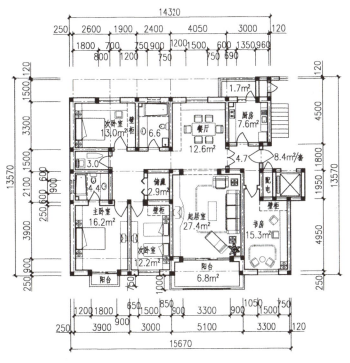

C1 户型平面图

技术经济招标

| 标准套型 | 套建筑面积 | 套内使用面积 | 套使用系数 |
|---|---|---|---|
| C₁ 四室两厅 | 198.1m² | 150.1m² | 75.8% |

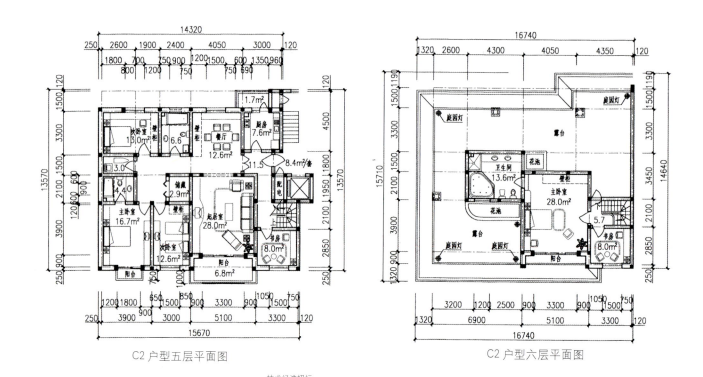

C2户型五层平面图

C2户型六层平面图

技术经济招标

| 标准套型 | 套建筑面积 | 套内使用面积 | 套使用系数 |
|---|---|---|---|
| C2 六室两厅 | 269.6m² | 206.9m² | 75.6.7% |

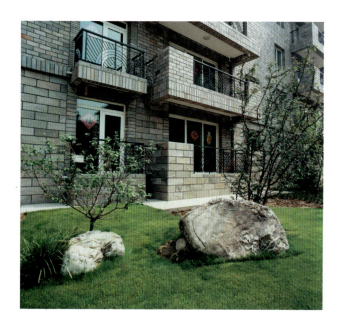

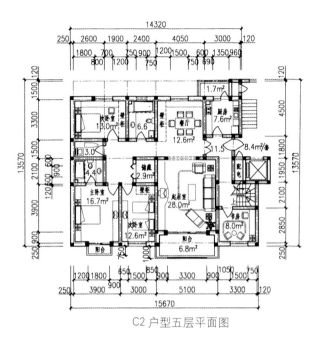

C2户型五层平面图

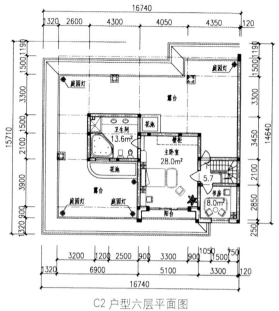

C2户型六层平面图

| 技术经济招标 | | | |
|---|---|---|---|
| 标准套型 | 套建筑面积 | 套内使用面积 | 套使用系数 |
| C₂六室两厅 | 167.0m² | 127.5m² | 76.3% |

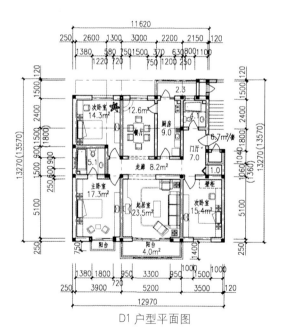

D1户型平面图

| 技术经济招标 | | | |
|---|---|---|---|
| 标准套型 | 套建筑面积 | 套内使用面积 | 套使用系数 |
| C₂六室两厅 | 269.6m² | 206.9m² | 75.67% |

主轴线两侧住宅南立面

主轴线两侧住宅北立面

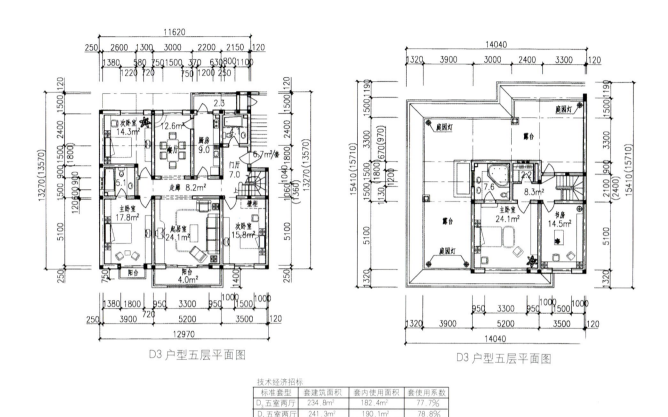

D3户型五层平面图　　　　　　　　D3户型五层平面图

技术经济招标

| 标准套型 | 套建筑面积 | 套内使用面积 | 套使用系数 |
|---|---|---|---|
| $D_3$ 五室两厅 | 234.8m² | 182.4m² | 77.7% |
| $D_4$ 五室两厅 | 241.3m² | 190.1m² | 78.8% |

西安群贤庄

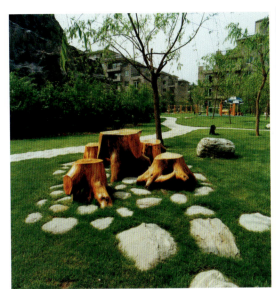

# 西安群贤庄3A级住宅评定意见摘要

## （一）、适用性能

住宅基本套型组合完整，面积配置比较合理；住宅套内各功能空间的关系明确，公私分区，洁污分区，动静分区合理；住宅的设备配置齐全，利用地热作为采暖、空调的热煤，提升了住宅的品质；部分多层住宅设置电梯，改善了居住生活的舒适度。

## （二）、安全性能和耐久性能

群贤庄工程采用砖混结构，八度抗震设防。经对该工程设计、施工等有关图纸和资料检查，认为该工程满足现行规范要求，施工前进行了交底和会审，做到了精心组织，精心施工，分部工程和地基处理等隐蔽工程验收资料齐全。钢材、水泥、砂浆、砖等受力构件材料均有试验报告及合格证。现场对实物察看，工程结构完好，未发现结构安全隐患。防火间距和消防车道布置合理，建筑耐火等级设定正确，设计中充分考虑了全跃层大户型住宅的最大安全疏散距离，满足有关规范要求，并通过了消防部门的验收。住宅小区供电线路设计能保证住户需求和规范要求，火灾报警系统及燃气泄漏报警系统安全可靠。对电气和燃气采用的材料均有合格证及验收报告，工程安装验收资料齐全。住房的入户门及楼幢门均采用防盗门，设置了可视对讲系统，小区有电视监控系统，户内有安全防范和紧急呼救报警装置，使小区具有较完善的安全防护体系。

耐久性方面，该小区基础及上部主体结构混凝土保护层厚度，满足规范要求，砖、砂、浆及混凝土强度满足规范要求。阳台采用挑梁方式，檐口等采取了防裂措施，建筑长度满足伸缩缝间距要求，现场察看建筑物未发现裂缝。工程积极采用了新技术新产品，外墙采用承重空心砖。给水采用PPR管。排水管采用UPVC管材，耐腐蚀，抗老化，易安装。

## （三）、经济性能

根据陕西省定额站提供的西安市多层砖混结构住宅建安工程造价实例资料和西安汇鑫置业有限责任公司提供的群贤庄多层砖混结构住宅的实际建安造价，针对工程特征及其标准做出相应调整和测算对比，群贤庄多层住宅的住宅性能成本比处于本地区的中等水平。

该小区住宅采用370mm厚的KPI型空心砖外墙，塑钢中空玻璃门窗，聚苯乙烯板屋面保温，住宅的保温隔热性能良好，日常运行能耗低。

综上所述，该小区住宅基本符合3A级住宅经济性能的要求。希望认真总结该工程的实践经验，在今后的住宅建设中，加强科学管理，提高住宅建设的科技含量，努力降低工程造价，不断提高住宅性能成本比。

**(四)、环境性能**

本项目的整体风格注重地方文化传统的传承，把传统建筑文化与现代生活需要结合，进行了比较成功的创作，有着重要的创新意义；小区布局比较紧凑，小区的出入口位置选择得当，道路结构比较便捷；行列式住宅布局为主体，做到户户有好的朝向，并有利于组织住宅群的自然通风，为了打破行列式的单调感，采用退台式等办法调整并丰富了小区的空间轮廓；利用中心绿地的地下，建有汽车停车库，停车泊位数量基本满足要求，并比较好地实现了人车分流，解决居民活动与汽车停泊的相互干扰；点、线、面结合的绿地系统与居民的户外活动场所有机结合，植物品种配置做到乔、藤、草合理结合，丰富多样。

# SHE KOU HUA YUAN CHENG
## 深圳蛇口花园城一期

花园城一期坐落在深圳蛇口风景秀丽的大南山东麓脚下，工业大道与工业八路交会口东北侧。曾创造 2000 年"春交会"一周销售 40% 的深圳地产界销售奇迹。花园城一期总用地面积 21208.11m²，建筑高度 47.00m，总户数 659 户，总建筑面积 66218m²，容积率为 2.43，建筑覆盖率 40%。分北、中、南三组中层、小高层建筑。北区是叠翠轩，中区是锦绣轩，南区为碧雅轩。花园城一期于 1999 年 10 月 25 日开工，2001 年 8 月 10 日竣工。主要的设计特点有：

1. 规划设计因地制宜。该小区用地狭长，红线轮廓沿工业大道呈三角形，复杂多变。规划中，采用"V"字形建筑围合出小区集中的居民活动平台和绿化庭园，锯齿形平面再加上层层退台的体量，使建筑群体显得更加丰富、错落。也使此处宛如一处开放的"舞台"，建筑、平台上的绿化成为"舞台的布景"，而舞台上的主角，正是小区的居民，他们在这个生活的舞台上，演绎着各自精彩的人生。

2. 造型风格轻盈、跳跃、热烈而不失优雅。采用清新、活泼的现代主义风格，色彩素雅大方，以充满情趣的艺术手法表现出亚热带滨海城市建筑的浪漫风情。

3. 景观秀美，植被丰富。小区内鲜花灿烂，青草绵绵，绿树成茵，植被层次丰富，展现出现代都市开放式居住小区的秀美画卷。

4. 户型分类集中布置，确保住宅的均好性。小区的中小户型集中在最北端的联排住宅内，中部一梯三户的单元集中小区内的中大户型，南部点式高层以小三房为主。各种户型分类集中布置。住宅单体、户型设计有独创性，较好地解决了用地条件限制与住宅均好性之间的矛盾，住宅实用率高，房间方正、实用。套型平面布置避免了异形房间，客厅与餐厅有机分隔，动静分区明确。

5. 采用了大量的新技术。采用小墙肢剪力墙框架结构，楼板清水混凝土施工技术，电渣压力焊，外墙采用聚合物水泥砂浆加杜拉纤维防水层，室内给水管、电管等管线暗敷等新技术，提高了住宅的品质，方便了住户，受到客户欢迎和好评。

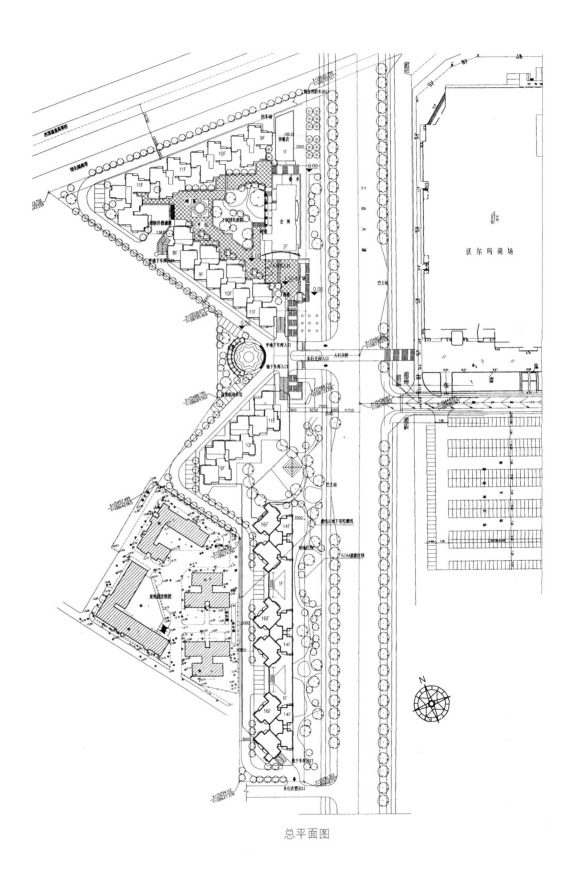

总平面图

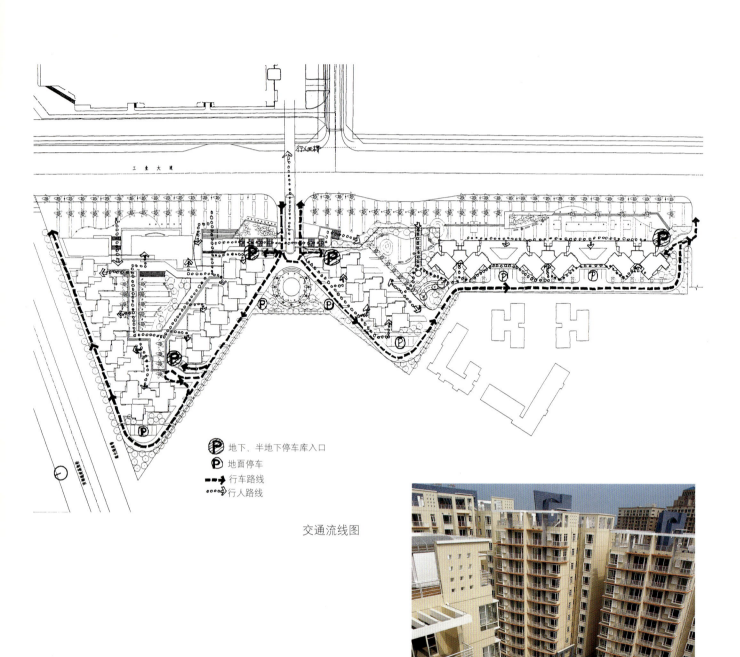

交通流线图

2.3号楼标准层平面图

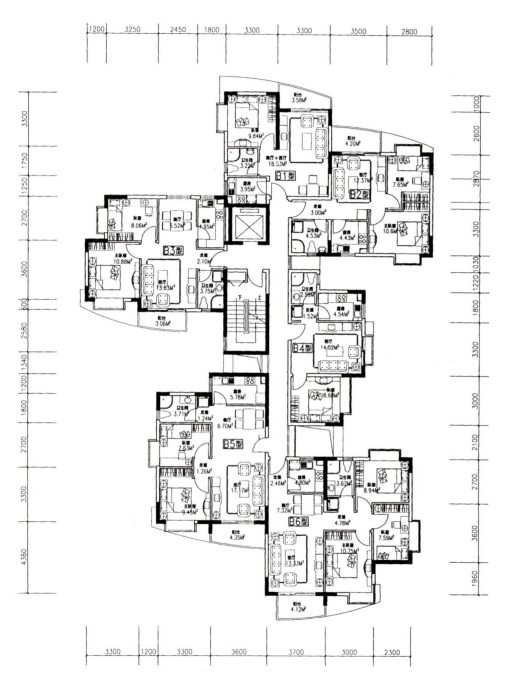

5号楼标准层平面图

6,7,8,9号楼一层平面图（复式下层）

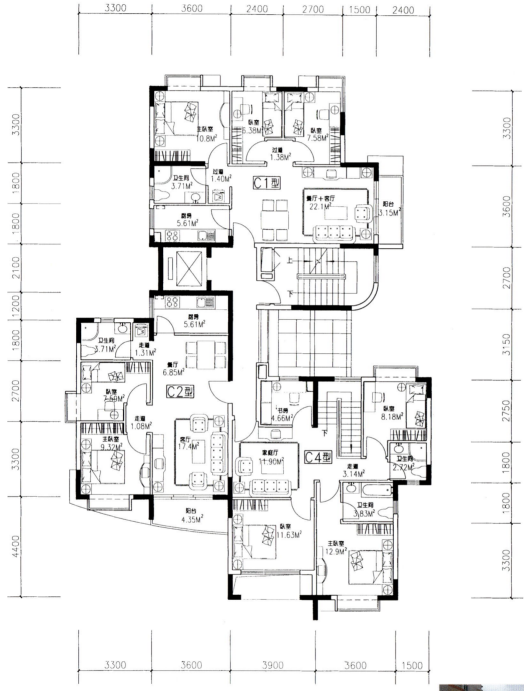

6,7,8,9号楼二层平面图(复式上层)

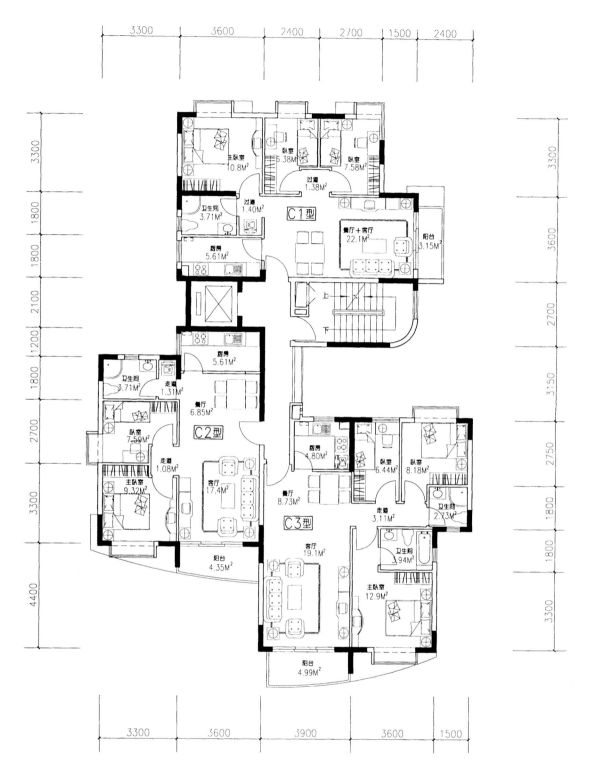

6,7,8,9号楼标准层平面图

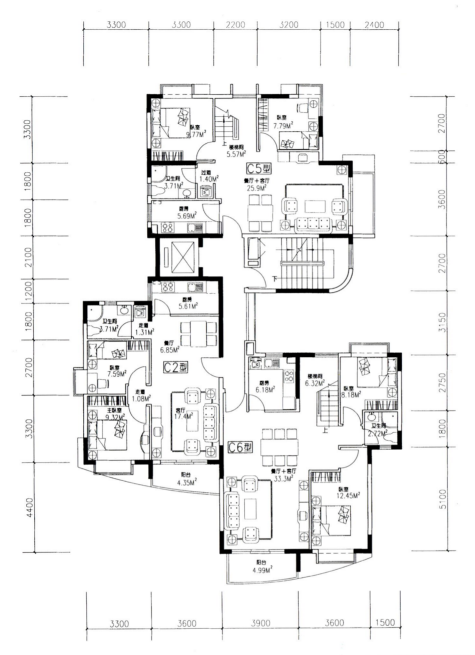

6号楼8层平面图
7号楼9层平面图
8号楼10层平面图
9号楼11层平面图(复式下层)

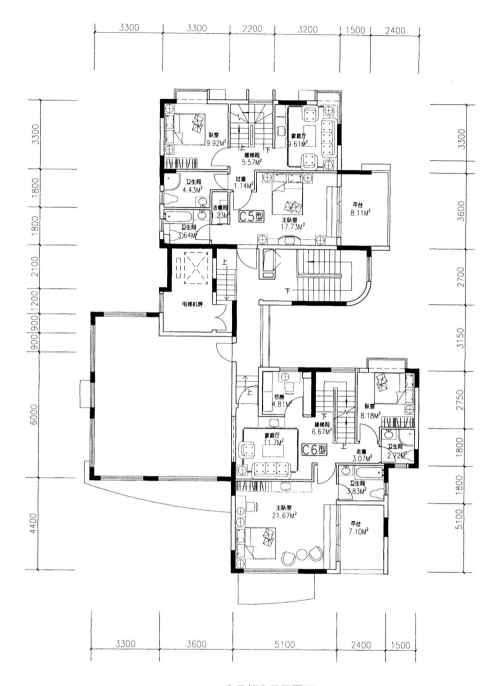

6号楼9层平面图
7号楼10层平面图
8号楼11层平面图
9号楼12层平面图(复式上层)

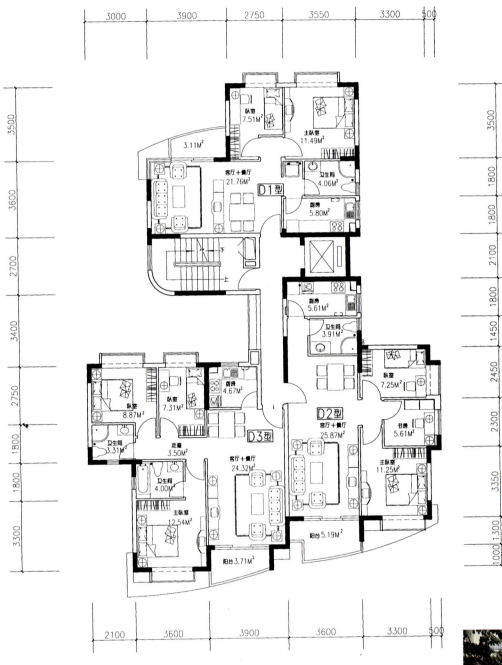

10,11,12号楼标准层平面图

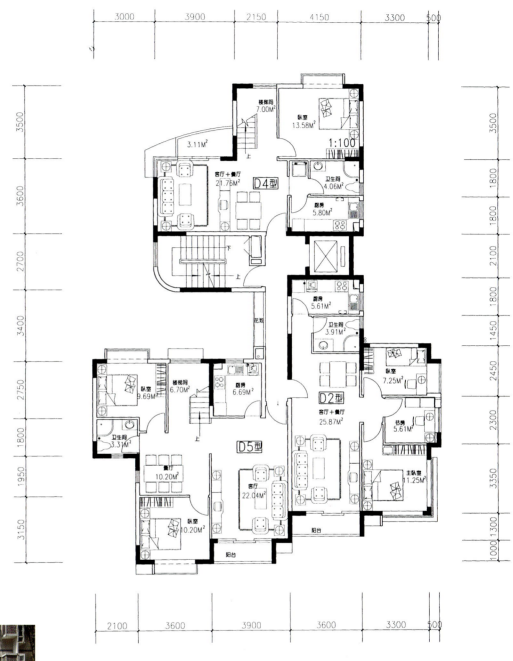

10号楼11层平面图
11号楼10层平面图
12号楼9层平面图（复式下层）

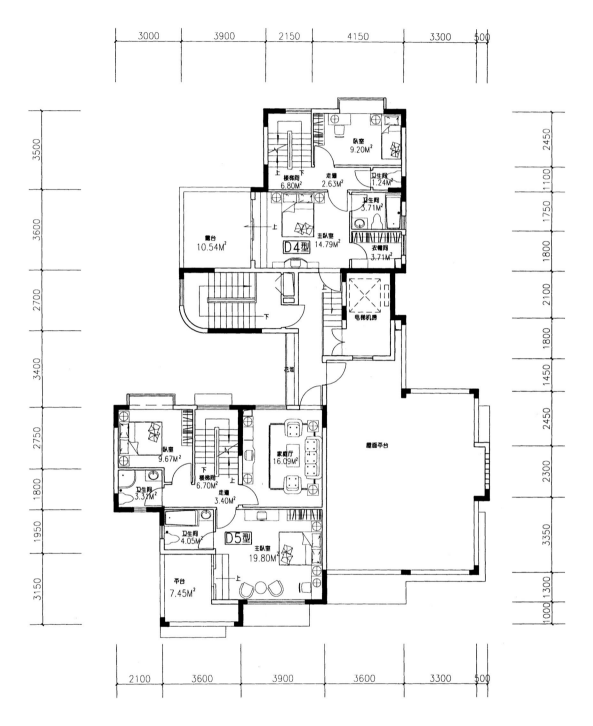

10号楼12层平面图
11号楼11层平面图
12号楼10层平面图(复式上层)

13,15,16号楼
15层(复式下层)平面图

深圳蛇口花园城一期

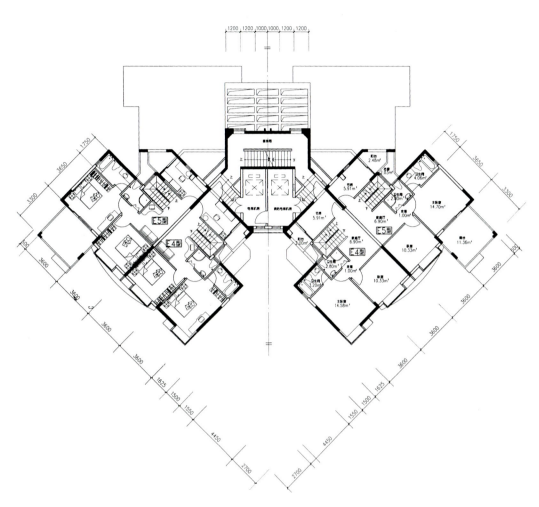

13,15,16号楼16层(复式上层)平面图

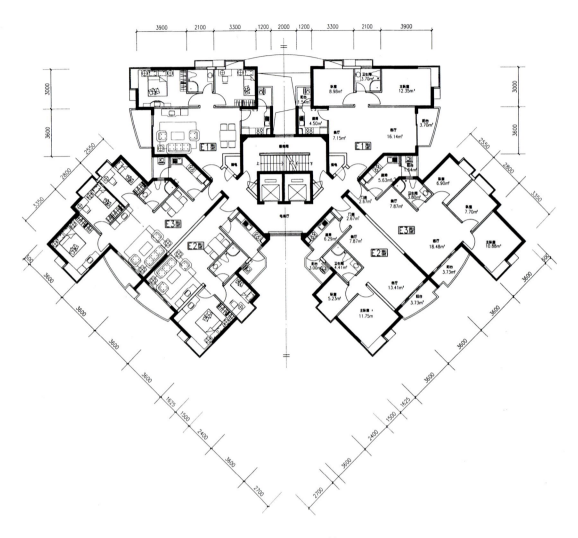

13,15,16号楼
2～14层平面图

深圳蛇口花园城一期

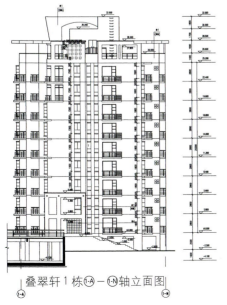

叠翠轩1栋①-A－①-N轴立面图

碧雅轩①B-⑱轴立面图

组合立面图一

组合立面图二

深圳蛇口花园城一期

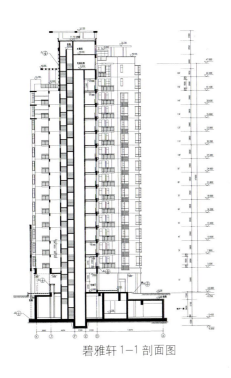

碧雅轩 1—1 剖面图

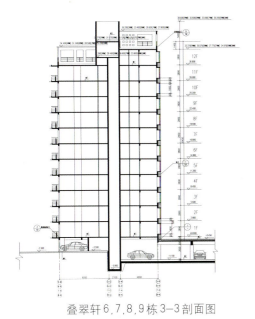

叠翠轩 6,7,8,9 栋 3—3 剖面图

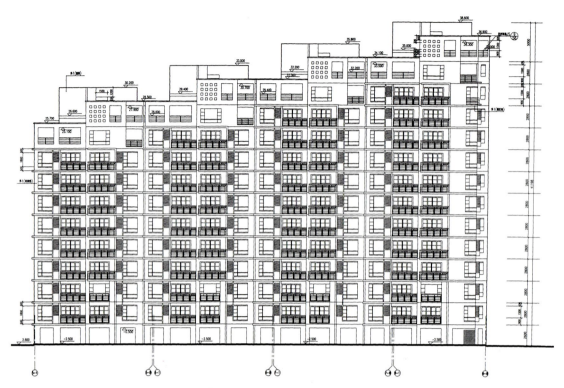

叠翠轩6,7,8,9号楼⑤-1—⑧-9轴立面图

# 深圳蛇口花园城一期1A级住宅评定意见摘要

**（一）、适用性能**

该小区住宅平面布局紧凑合理，基本功能空间配置齐备，套内各主要居住空间协调有序，相对应的设备设施配备基本到位，日照、采光和通风良好，主要居住空间均能获得良好的视野。实施一次装修到位或菜单式有组织装修，标准控制得当，并具有市场引导性。建议今后在开发建设中注意采取节能措施，并积极开发利用太阳能等新能源。

**（二）、安全性能和耐久性能**

该小区住宅楼基础采用预应力混凝土管桩加独立承台，上部结构采用短肢剪力墙结构体系，基础及上部结构选型符合有关规范要求，各种构造措施得当，主体结构施工质量良好。小区住宅楼防火设计及施工均通过消防部门审批和验收，消防、防盗等安全设施较先进，住宅均设置了火灾自动报警系统，燃气泄漏报警，住户安防和紧急呼叫报警等系统。技术档案完整、规范，隐蔽验收记录、相关材料合格证齐全。建议采用对结构安全有利的新技术，加强对涂料、石材等材料中有毒、有害物质的检验。

该小区基础及主体工程中，采用的混凝土强度等级均不低于C20，符合要求，沉降观测记录表明无不均匀沉降。厨卫间墙面瓷砖、外墙饰面砖镶贴施工质量良好，屋面防水措施得当，外墙采用聚合物水泥砂浆加杜拉纤维防水新技术，效果良好，现场未发现积水及渗漏现象。所采用的涂料、瓷砖等均有合格证，管道及管材材质符合要求。建议注意对屋面防水的长期观察，并加强维护保养。

**（三）、环境性能**

该小区地处城市干道，用地不够完整，规划中能充分利用地形的特定条件，较好地处理了城市景观和居住生活安全、安静的需要，结构清晰、布局合理，构筑了居民邻里交往休闲的内部空间。主要出入口与城市干道及人行过街桥衔接合理，利用部分架空层及地下空间作为汽车停车，并有电梯直达车库，居民使用方便，沿周边布置车行道，减少了车行时对内部环境的影响，充分利用科技手段，提高了小区的居住生活质量、安防及物业管理水平，应注意加强部分居住空间的消防、防灾车辆的通达性措施。

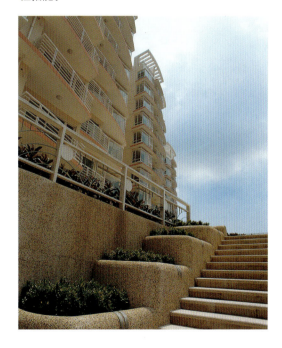

图书在版编目(CIP)数据

建设部住宅性能认定优秀小区实录1/建设部住宅产业化促进中心编．－北京：中国建筑工业出版社，2003
ISBN 7-112-05513-X

Ⅰ．建… Ⅱ．建… Ⅲ．住宅－建筑设计－建设部－小区－图集 Ⅳ．TU241-64

中国版本图书馆 CIP 数据核字（2002）第 086610 号

责任编辑：唐　旭　李东禧
装帧设计：李　林

**建设部住宅性能认定优秀小区实录1**
建设部住宅产业化促进中心　编
\*
中国建筑工业出版社出版、发行(北京西郊百万庄)
新华书店经销
北京广厦京港图文有限公司设计制作
深圳市彩帝印刷实业有限公司印刷
\*
开本：889×1194毫米　1/16　印张：14　字数：525千字
2003年7月第一版　2003年7月第一次印刷
印数：1—2,500册　定价：158.00元
ISBN 7-112-05513-X
TU·4843(11131)

**版权所有　翻印必究**
如有印装质量问题，可寄本社退换
(邮政编码100037)
本社网址：http://www.china-abp.com.cn
网上书店：http://www.china-building.com.cn